U0246376

贝尔探险智慧书

QU FEIXING
去飞行

［英］贝尔·格里尔斯 著　黄永亮 译

接力出版社
Publishing House

人类探索陆地和海洋的历史已有几个世纪了，但是人类探索天空的历史仅有100年左右。自从莱特兄弟发明了飞机，人类就开始竞相创下飞行纪录——速度最快、单次距离最远、总航程最长！距第一次飞行仅66年，人类就取得了前人不敢想象的成就，例如，尼尔·阿姆斯特朗和埃德温·巴兹·奥尔德林登上月球，展示了真正的冒险精神，也正是这种冒险精神使人类显得如此伟大。

航空业提供了如此众多且新鲜有趣的旅行方式和探险胜地。

我有幸与一些优秀的飞行员多次协同行动，其中包括来自英国特种空勤团(SAS)的队友、一些特技飞行员等。这些伙伴给予我无限的灵感与鼓舞。

自从很多年前在一次跳伞事故中脊柱受了伤，我对跳伞一直心有余悸，但是这并没有让我畏惧不前！困难或许很大，但重在参与和直面恐惧。毕竟，如果本书中提到的优秀飞行员和探险家都回避曾经的恐惧，那么他们就不会从地面起飞！

目 录
·Contents·

阿姆斯特朗 ┃ 个人的一小步，人类的一大步

月球作为距离地球最近的天体，极大地激发了人类的想象力。人类始终在想，如何才能到达遥远的月球呢？到了20世纪，由于火箭的发明，登月的梦想终于有望实现了。

埃米 ┃ 从不为人知到飞行皇后

1930年，英国一位名叫埃米·约翰逊的女士，单独驾驶飞机从伦敦飞抵澳大利亚，而她刚刚拿到飞行员驾驶证，飞行经验仅有85小时，她是如何做到的？

迪克和珍娜 ┃ 不加油连续环球飞行

截至20世纪80年代中期，对于固定翼飞机而言，一个重大纪录等待创造：尚未有人驾驶飞机不加油连续环球飞行。1986年，两位美国飞行员——迪克和珍娜挺身而出接受挑战。他们飞过四大洋、三大洲，穿过风暴，获得成功。他们说这次飞行成功凭借的不是运气，而是……

附录

林德伯格 | 单人不着陆跨大西洋飞行第一人

1919年，一位叫奥特格的商人设立2.5万美元的奖金，奖励第一位从纽约无间断飞到巴黎的飞行员。为了赢取奖金，美国和法国有三组人试图飞越大西洋，结果都没成功。奖金设立8年后，伯德和钱伯林成为最有希望的两位选手。而一位被媒体称为"飞行傻瓜"的默默无闻的年轻小伙儿林德伯格也宣布要加入挑战队伍。

飞行激情

　　20世纪初期，航空业横空出世，成为人类活动竞争最激烈的领域。勇敢的男士和女士们竞相比赛，看谁飞得"更快、更远、更高"。巡回表演飞行员（特技飞行员）的飞行表演观者如潮，飞行爱好者趋之若鹜。飞机本身也经历了重大革新，线条优美的单翼机取代了又慢又笨重的双翼机。莱特旋风星型发动机为长距离飞行提供了安全可靠的保障。有远见卓识的人士曾经构想了一个更为紧密互联的世界——用飞机为人们提供长距离运输便利。现在人们可以探索未知领域了，航空时代为个人英雄主义者提供了广阔的用武之地。

査尔斯·林德伯格与他的经典单翼机——"圣路易斯精神号"。

"圣路易斯精神号"的历史性飞行

横跨大西洋之前的四次标志性飞行

1914年

俄国飞机设计师伊戈尔·西科尔斯基驾驶自行设计的四引擎飞机"伊利亚·穆罗梅茨号"成功完成从圣彼得堡到基辅之间的往返飞行,航程长达1280千米。

1911年

美国飞行先驱卡尔布雷斯·罗杰斯(卡尔)首次完成跨越美国大陆的飞行。他驾驶的是一架没有航空仪表的双翼机。

1909年

法国人路易·布莱里奥驾驶一架并不牢靠的单翼机成功飞越英吉利海峡,获得伦敦《每日邮报》颁发的1000英镑奖金。

1903年

美国的莱特兄弟——奥维尔·莱特和威尔伯·莱特驾驶"飞行者1号"进行首次动力飞行,航程仅为36米。

贝尔的话

早期的飞行并非万无一失。1927年,法国飞行员夏尔·南热塞和福罕索瓦驾驶"白鸟号"双翼机在试图横跨大西洋的飞行过程中折戟沉沙,音信全无。

理查德·伯德

理查德·伯德（右图）是美国海军军官。他自称是第一个驾驶飞机到达北极（1926年）和南极（1929年）的人。不过他的声明存在争议。

飞越大西洋竞赛

1919年，纽约的一位酒店老板雷蒙德·奥特格设立2.5万美元的奖金，等候第一位能够从纽约无间断飞到巴黎的能手。到了1927年，这一竞争日趋激烈。理查德·伯德和克拉伦斯·钱伯林成为最有希望的两位候选人。而一位默默无闻的青年选手查尔斯·林德伯格也计划单独飞行。

悲剧性尝试

为了赢取奥特格奖金，享有盛誉的法国"一战"期间王牌飞行员勒内·丰克（下图），于1926年驾驶西科尔斯基公司设计的S-35三引擎飞机，在起飞时不幸发生空难。

贝尔的话

早期的飞机没有能力携带飞越大西洋所需的足够燃料，这是参与奥特格奖金争夺赛的每位选手面临的重大挑战。

约翰·阿尔科克和阿瑟·布朗成功飞越大西洋所驾驶的飞机的残骸。

🧭 首次飞越大西洋

1919年,英国飞行员约翰·阿尔科克和阿瑟·布朗(右图)驾驶一架"一战"期间服役的维克斯-维米轰炸机从纽芬兰连续飞到爱尔兰,历时15小时57分钟横跨北大西洋,穿过云雾冰雪,最终完成了3040千米的航程。他们获得《每日邮报》颁发的10000英镑奖金,还被英国国王乔治五世封为爵士。

糟糕的着陆 🧭

约翰·阿尔科克和阿瑟·布朗被迫紧急降落在爱尔兰克利夫登附近的沼泽地里。飞机钻入泥中,两人安然无恙。

林德伯格飞越
大西洋的路线

北 美 洲

圣约翰斯

12小时：低空掠过纽
芬兰省首府圣约翰斯，
告诉人们他在路上。

新斯科舍

5小时：望见新斯科舍。

纽约

单独飞越大西洋

　　查尔斯·林德伯格是一名默默无闻的年轻小伙儿，媒体对他不予理睬，很多人称他为"飞行傻瓜"，只因他大胆计划独自飞越大西洋。作为一名巡回表演飞行员、空邮飞行员和美国陆军航空兵，查尔斯·林德伯格参加飞越大西洋的竞赛，无疑是要面临漫长的高危飞行挑战。他设计的"圣路易斯精神号"必要时可在空中飞行40小时。他的飞行计划制定得谨慎周密。为了精简重量，他只带了最少的救生设备。最为重要的是，他有强烈的成功欲望。当竞争对手麻痹大意时，林德伯格抓住了机会。1927年5月20日上午7：51，他从长岛的罗斯福机场起飞。

北 大 西 洋

28 小时：爱尔兰海岸已然可见。
望见瓦伦西亚角和丁格尔湾。

爱尔兰

● 伦敦

丁格尔湾

瑟堡

● 巴黎

欧 洲

22 小时：在波澜壮阔
的大西洋上空几度睡
着，但航线不偏。

32 小时：飞过法国
港口城市瑟堡。

33.5 小时：降落
在勒布尔歇机场。

非 洲

🧭 轻装上阵

　　林德伯格只携带了护
照、水壶和手电筒等寥寥
几件私人物品。后来他透
露，飞经巴黎没有外交许
可，自己当时颇为担心。

人
贝尔的话

　　林德伯格一直与死神较
量，在传奇性的飞越大西洋行动
之前，他先后四次从空难中死里
逃生，通过跳伞转危为安。

权衡胜算

在飞越大西洋的行动中，为了将重量减至最轻，查尔斯·林德伯格没有携带降落伞，而只准备了一个橡皮筏，以防在水面紧急降落。

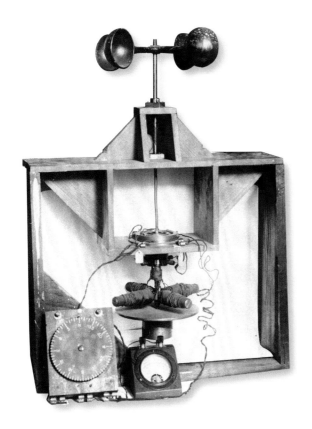

辨路识途

在导航方面，查尔斯·林德伯格选择使用一个地磁感应罗盘和一个标准磁罗盘。

摇晃中的清醒

林德伯格设计的离奇的"圣路易斯精神号"是一架"不稳当"的飞机——为了确保在跨越大西洋的整个航程中保持清醒。

🧭 竞争对手

1927年5月，不被看好的查尔斯·林德伯格和最被看好的选手理查德·伯德与克拉伦斯·钱伯林（左图）相互握手。竞争对手推迟行动，勇敢无畏的林德伯格驾驶着"圣路易斯精神号"出发了，这一冒险行动最终使他赢得了飞越大西洋的竞赛。

🧭 首次看见陆地

飞行了28小时，度过大西洋上空凶险的一夜后，林德伯格看见了爱尔兰海岸。现在，巴黎已经在向他招手示意了，再过5小时即可抵达。

贝尔的话

从飞行前的准备阶段到33.5小时的飞行结束，林德伯格的非睡眠时间为55小时。他时常掠过海面，借助冰凉的浪花打起精神。

自1903年莱特兄弟在基蒂霍克镇首次试飞以来，人类开创性的航空壮举可谓一浪高过一浪，而查尔斯·林德伯格横跨大西洋的行动更是将航空事业推向前所未有的高度。

飞向巴黎

现在我们有很多人经常进行洲际跨洋飞行，他们很难真正理解查尔斯·林德伯格飞越大西洋时面临的诸多挑战。他选择了"大圆"路线——这是球体表面连接两点之间最短的距离。他沿着这条弧线飞行，飞过新斯科舍和圣约翰斯，飞过3200千米的公海，飞过爱尔兰和英格兰的海岸，飞过法国瑟堡，最终抵达巴黎，于1927年5月21日晚上10:22降落在勒布尔歇机场，历时总计33小时30分29.8秒。一路上顺利克服雨雾逆风，"圣路易斯精神号"的表现完美无缺。林德伯格的最大挑战是保持清醒。

全程航线图

查尔斯·林德伯格靠一张"世界时区图"来安排从纽约到巴黎的路线。整个航程沿着"大圆"路线分段展开。

林德伯格的飞行日志

"大圆"路线

查尔斯·林德伯格精巧地计算出从纽约到巴黎的最短路线。由于地球表面是一个曲面,因此地球上两点之间的最短距离位于一个通过两点将地球等分的圆弧上,这称为大圆(你可以拿一根线绳在球体上做个实验)。按照这条路线,林德伯格需要每飞行160千米——大约每隔1小时——改变一次航向。

疯抢纪念物品

林德伯格顺利完成英勇的跨洋飞行,"圣路易斯精神号"在巴黎成功着陆(右图)。欢呼的人们争相撕取飞机上的物品留作纪念,以致该机不得不整修。

技能和勇气

　　成功飞越大西洋后，林德伯格让全世界都迷恋上了飞行。乘着心爱的座驾"圣路易斯精神号"从纽约飞到巴黎，林德伯格一夜成名。很多人视林德伯格是英雄主义的典范。他单独飞越大西洋的壮举令人惊叹，而这对于他日后更为壮丽的冒险行动而言只是冰山一角。作为20世纪20年代初期的特技飞行员，他进行了多次挑战死神的特技飞行表演，令狂热的粉丝大饱眼福。担任空邮飞行员期间，面对恶劣天气或夜间飞行状况，他展示了卓越的飞行技能。他先后从多次空难中死里逃生，其中包括在美国陆军航空兵部队服役期间的一次空中撞机事故。在英勇飞行员形象的背后，很多人并没有看到林德伯格的专业工程技能以及他对飞机将改变现代生活的坚定信念。

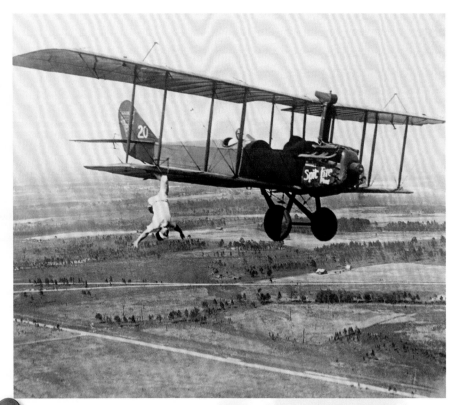

🧭 巡回表演

　　查尔斯·林德伯格酷爱速度和冒险。取得飞行驾驶证不久，他就决定加入巡回飞行表演（特技飞行表演）的圈子。这些巡回表演飞行员经常以微薄的工资进行"挑战死神"的特技飞行，例如，翻筋斗、横滚、失速、翼上行走等。林德伯格在特技表演这一行业名声大噪，赢得了"拼命三郎"的绰号。

贝尔的话

年仅25岁的林德伯格相貌英俊，谈吐文雅，豪气干云。他用特技飞行表演征服了全世界。

也无风雨也无晴

空邮飞行员必须保证按时抵达，即使遇到各种天气状况也是如此。驾驶开放式座舱的飞机在夜间飞行，通常还没有良好的导航设备，灾难随时都有可能发生。

军队服役

结束特技飞行表演生涯后，林德伯格加入美国陆军航空兵部队，在得克萨斯州的凯利机场取得飞行员资格。他隶属密苏里州国民警卫队第110支侦察中队。

镇定从容

对于这次跨洋飞行，查尔斯·林德伯格写了一封信给莱特航空公司法国分公司的詹姆斯·F.普兰斯，确认自己将抵达巴黎。他原计划按普通信件邮寄此信，但实际上是用外交信袋寄出的。

这张照片拍摄于1909年，照片中是小林德伯格及其父亲老查尔斯·奥古斯都·林德伯格——美国明尼苏达州的国会议员。

"圣路易斯精神号"技术参数	
长度	8米
高度	3米
翼展	14米
总重	2330千克
发动机	莱特旋风星型 J-5C，223马力（166千瓦）

圣路易斯精神号

　　"圣路易斯精神号"的设计初衷只有一个，就是征服大西洋。"圣路易斯精神号"是一架线条优美的单翼机，其先进的流线型设计体现在整流罩、机翼和起落架上。巨大的主、副油箱分别固定在机身和两侧机翼上。该机的亮点是采用坚固的轻型材料制造而成。机身框架采用钢管制成。机翼和翼肋采用上等云杉和红木制成，包裹一层薄薄的棉布，棉布上有一层铝白色的涂料。这架特制的长途飞机采用一台莱特旋风星型发动机。由于主油箱安装在座舱正前方，所以林德伯格无法直接望见，除非借助左手边的潜望镜，或者将飞机倾斜的同时透过侧窗向外观察。

空中小屋 🧭

林德伯格将其座舱称为"空中小屋"。座舱如此狭窄，以至于林德伯格在整个飞行途中都无法伸直双腿。他将罗盘安装在身后的舱板上，并用口香糖将一个小镜子粘在座舱顶上，借以观察罗盘。

🧭 大事记

在随后的岁月里，林德伯格驾驶"圣路易斯精神号"到过很多国家，这些国家的国旗都被贴在该机的头部整流罩上，形成贴花图案。该机退役时，共记录了174次飞行。

🧭 柳条座椅

为了减轻重量，林德伯格选择了一个柳条编织的座椅。柳条座椅坐起来不舒服，但是有个优点：有助于林德伯格在飞行途中保持清醒。

🧭 莱特旋风星型发动机

查尔斯·林德伯格为"圣路易斯精神号"选择了223马力J-5C版本的莱特旋风星型发动机。经久耐用的莱特旋风星型发动机为长距离飞行提供了安全保障。该发动机具备当时全球最为先进的航空推力系统。它还具备出色的功率重量比，为"圣路易斯精神号"满载燃料起飞提供最大升力。

先进性体现

　　"圣路易斯精神号"单翼机多个部位采用流线型外观设计。几个油箱分别巧妙地固定在机身和机翼上。

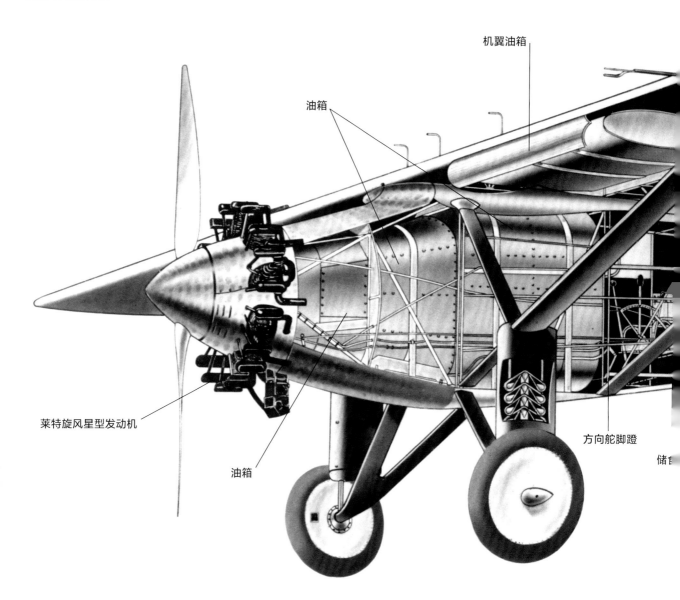

机翼油箱

油箱

莱特旋风星型发动机

油箱

方向舵脚蹬

储{

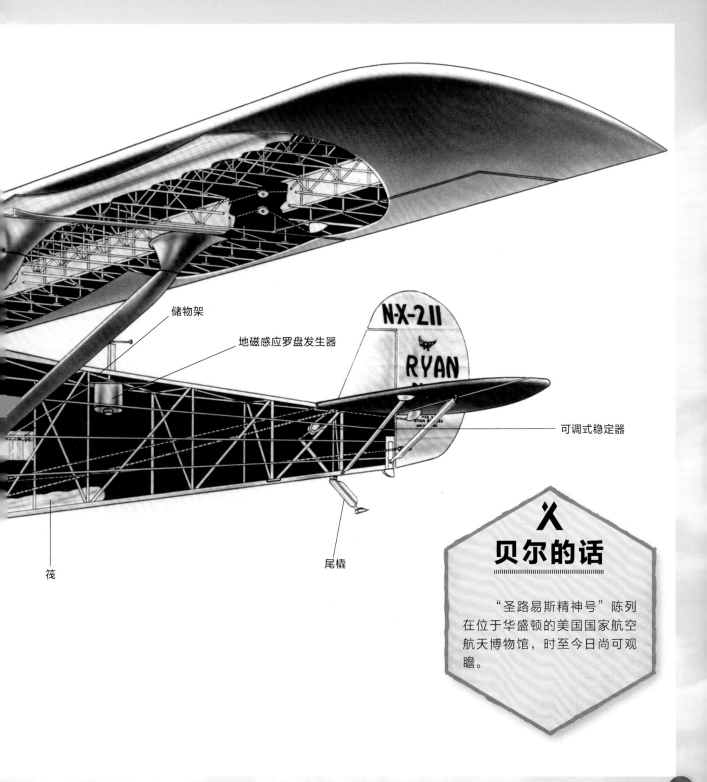

储物架

地磁感应罗盘发生器

可调式稳定器

筏

尾橇

万众欢呼英雄归来！

全世界的民众对查尔斯·林德伯格的跨洋飞行报以惊叹、钦佩、欢呼。正如林德伯格自己所言，这次飞行的效果就像"一根火柴点燃了篝火"。民众追捧这位英雄的热潮迅速席卷欧美甚至全球。林德伯格归来之际，纽约市为他举行了抛纸带欢迎仪式。他出现在哪里，人潮就涌向哪里。媒体报道也铺天盖地随之而来。街道和机场以他的名字重新命名。查尔斯·林德伯格对大众文化的影响持续了多年。

同行的飞行状况

1926年，勒内·丰克驾驶的飞机由于超重，在起飞时发生空难。在林德伯格跨洋飞行成功之后的几周内，理查德·伯德和克拉伦斯·钱伯林也进行了跨越大西洋的飞行。伯德的跨洋飞行成功了，但是他所驾驶的福克三引擎飞机（美制）紧急降落在法国海岸附近，机上人员全部幸存。钱伯林及其赞助人飞越大西洋，在柏林着陆，这次的飞行距离刷新了纪录。

凶险结局

勒内·丰克及其副驾驶员躲过空难，但是其他两位机组成员未能脱困，不幸殒命。

功亏一篑

理查德·伯德尝试从纽约飞抵巴黎，但紧急迫降在法国海岸附近，结局黯然无光。

英雄的轰动效应

1927年6月13日，纽约市为查尔斯·林德伯格举行了场面宏大的抛彩纸欢迎仪式。在随后的一年中，林德伯格驾驶"圣路易斯精神号"先后飞往美国48个州，欢迎他的民众估计达3000万。

奖金兑现

1927年6月16日，雷蒙德·奥特格向查尔斯·林德伯格交付2.5万美元的支票，林德伯格作为得主当之无愧。

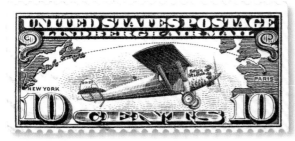

林德伯格热潮

20世纪20年代，美国流通的徽章和邮票等物件上都印着查尔斯·林德伯格的头像，作为对他跨洋飞行的纪念。

永恒的遗产

查尔斯·林德伯格的生命历程漫长且丰富多彩。他与妻子四处奔走，推动商业航空的发展。1932年飞来横祸，林德伯格的长子被绑架谋杀。20世纪30年代后期，林德伯格的反战立场招来美国民众的反感。不过"二战"爆发后，他自愿担任一名试飞员。后来，他积极投身环境保护事业，于1974年辞世。

皮卡尔和琼斯 | 首次完成热气球环球飞行

热气球爱好者皮卡尔梦想挑战乘热气球环球飞行，两次尝试均以失败告终。1999年，他与好友琼斯驾驶"百年灵轨道飞行器3号"再次起飞。为了能够利用高层喷射气流，他们必须全天候掌控方向才能确保热气球不脱离轨道，还要面临暂时性缺氧、极度寒冷、撞上山坡等众多挑战。这一次，皮卡尔能否如愿以偿？

热气球环球连续飞行

　　这真是极限冒险——两位勇敢的热气球驾驶员寻求突破航空史的一项重大纪录。1999年3月，贝特朗·皮卡尔和布莱恩·琼斯驾驶"百年灵轨道飞行器3号"热气球环绕地球一周，历时19天21小时55分钟，飞行高度超过9150米。两位驾驶员经受众多挑战，其中曾有一刻驾驶舱内暂时性缺氧。他们的连续飞行是一次高科技冒险行动——携带机载计算机、全球天气预警、全球定位系统（GPS）。最为关键的是，有一个精英团队为他们提供技术和天气服务，而后者十分重要。

🧭 驾驶员兼密友

　　贝特朗·皮卡尔（左）是瑞士精神病医生，也是著名热气球探险家奥古斯特·皮卡尔的孙子。布莱恩·琼斯（右）曾是英国皇家空军飞行员，先后多次创下热气球飞行纪录。

🧭 纪录挑战者

从1981年到1999年，乘热气球环绕地球连续飞行的尝试有将近20次。一些热气球驾驶员一再尝试均未能成功，其中包括冒险家理查德·布兰森、佩尔·林德斯特兰德、史蒂夫·福赛特。贝特朗·皮卡尔已经有了两次失败的经历，他知道，"百年灵轨道飞行器3号"是他最后的机会，因为瑞士制表公司百年灵不会为他提供第四次赞助。

🧭 "维珍环球挑战者号"

1997年，理查德·布兰森和佩尔·林德斯特兰德从摩洛哥启动了"维珍环球挑战者号"热气球，这比"百年灵轨道飞行器1号"早了一周。一天后，因技术问题迫使他们在阿尔及利亚降落。

🧭 "百年灵轨道飞行器1号"

1997年，贝特朗·皮卡尔及其伙伴维姆·费尔斯特莱腾和安迪·埃尔森放飞"百年灵轨道飞行器1号"，试图打破世界纪录，但随后在法国土伦附近紧急降落，原因是阀门泄漏飘出煤油气味，机组人员面临威胁。三人均表示会继续尝试。

🧭 "环球希尔顿号"

同是1997年，迪克·鲁丹带着他的"环球希尔顿号"加入角逐。迪克·鲁丹及其伙伴戴夫·梅尔顿从美国新墨西哥州阿尔伯克基市升空，最后被迫跳伞求生，原因是发生了氦泄漏，热气球毁于烈火。

🧭 "百年灵轨道飞行器2号"

1998年，贝特朗·皮卡尔及其伙伴维姆·费尔斯特莱腾和安迪·埃尔森驾驶"百年灵轨道飞行器2号"以距离之最创下世界纪录，但未能完成环球飞行。他们从瑞士飞到缅甸，历时9天17小时51分钟。

🧭 "大东电报局号"热气球

就在"百年灵轨道飞行器3号"升空之前的几天，科林·普莱斯考特和安迪·埃尔森启动了由英国大东电报局冠名赞助的热气球。经过18天的飞行，恶劣天气迫使他们掉进日本附近的太平洋里。

高空漂流！

　　"百年灵轨道飞行器3号"经过两大洋和三大洲时，贝特朗·皮卡尔和布莱恩·琼斯为了加快热气球的通过速度，决定利用高层大气的强劲动力（喷射气流）。高空飞行情况下，热气球的速度有时可达370千米/时。驾驶员必须全天候掌控方向才能确保热气球不脱离轨道，因此两位热气球驾驶员轮番作战。电池由太阳能定期充电，并为内部用电提供电能。导航由全球定位系统辅助，同时地面控制小组提供定时天气预报。两位驾驶员住在一个厢式货车大小的座舱里，里面装有精密的供暖和生命维持系统。食品以冻干食品为主。与以往的挑战一样，他们知道有未知凶险一路相伴。

8小时高空漂流

在高空飘移的8小时期间，两位驾驶员在座舱内轮流作战，一人掌舵时，另一人睡觉。为了保持沿正常轨道飞行，他们需要借助GPS和地面团队提供的天气预报，并通过传真机与控制中心进行通信。"百年灵轨道飞行器3号"还配有两台应答器，以便全球的空中交通管制人员跟踪他们的飞行路径。

贝尔的话

贝特朗·皮卡尔秉承家族的冒险传统。他父亲是海底探险家，是第一批探索地球最深处——马里亚纳海沟的人之一。他祖父是一位热气球驾驶员。

最后的努力

截至"百年灵轨道飞行器3号"起飞之时，贝特朗·皮卡尔已经为前后三个百年灵轨道飞行器花费了5年时间。

历史瞬间

1999年3月1日，当地时间上午9:05，在瑞士阿尔卑斯山中的一个谷地，人群围观巨大的"百年灵轨道飞行器3号"从代堡小镇冉冉升空（左图）。

世界最伟大的热气球冒险

　　航空史上刷新纪录的英勇飞行事迹屡见不鲜。1999年，贝特朗·皮卡尔和布莱恩·琼斯历时19天飞行48300千米，创下了最具挑战性的世界纪录——首次完成热气球环球飞行。他们的热气球利用风力推动前进，两位驾驶员没有直接控制速度和方向的办法，他们只能使热气球上升或下降，从而利用有利风势。在这次环球冒险行动中，贝特朗·皮卡尔和布莱恩·琼斯使用了这一基本技巧：抬升轨道飞行器，利用高层大气的喷射气流形成的强大风力快速飞过大洲和大洋。

乘热气球长距离飞行的驾驶员在抬升过程中，必须始终注意已经燃烧的丙烷量，并据此计算剩余燃料能够支持的飞行时间。

环绕地球的高空飞行

从瑞士阿尔卑斯山升空之后，两位驾驶员飞过意大利和地中海，飞向摩洛哥。从摩洛哥转而向东飞过非洲、中东地区，然后飞过印度、中国南部地区、广阔的太平洋、美国西南部地区、大西洋，最后在埃及沙漠地区着陆。

极度寒冷

即将飞临非洲上空时，轨道飞行器的高度攀升至10975米。此时舱外温度已经远远低于0℃，同时内部供暖系统功率不足，导致座舱内部极其寒冷。

⊙ 高处不胜寒

从地面到大约12200米高空之间的大气层称为对流层，对流层对天气和温度的影响十分显著。一般而言，温度随海拔增加而降低。到了对流层顶部，平均温度下降至零下57℃，同时风速显著提高。

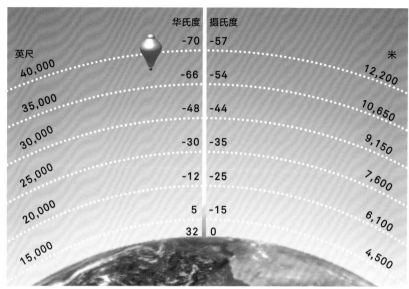

英尺	华氏度	摄氏度	米
	-70	-57	
40,000			12,200
	-66	-54	
35,000			10,650
	-48	-44	
30,000			9,150
	-30	-35	
25,000			7,600
	-12	-25	
20,000			6,100
	5	-15	
	32	0	
15,000			4,500

⊙ 惊险的起飞

"百年灵轨道飞行器3号"从代堡摆脱约束升空不久就遭遇了逆温层（地面冷空气遭遇大气中的暖空气）而停止攀升。两位驾驶员果断反应，抛下压舱物并开启丙烷燃烧器，从而避免热气球游走不定而撞上山坡。

"百年灵轨道飞行器3号"（左图）

🧭 从太空俯瞰地球

照片中带状卷云（右图）反映了喷射气流从左到右扫过留下的狭窄轨迹。这是航天飞机位于地面上空322千米处拍摄的图片。

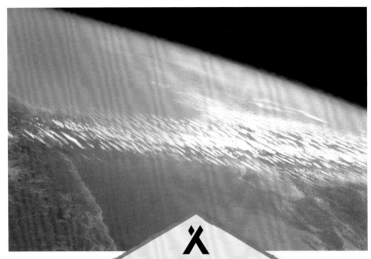

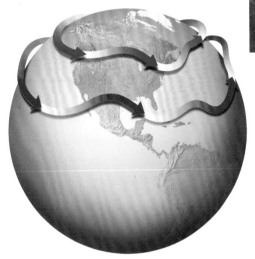

🧭 搭乘喷射气流

喷射气流存在于高空，如同很多"风的河流"高速运动。喷射气流的厚度为1.6—4.8千米，宽度为160—480千米，速度高达724千米/时。热气球驾驶员希望借助喷射气流作为推动力。由于气象学家预测到了非洲上空发生喷射气流的时间，贝特朗·皮卡尔和布莱恩·琼斯得以顺流抵达埃及，圆满完成飞行计划。

巨大的银色热气球

　　"百年灵轨道飞行器3号"是一款罗泽(Rozier)热气球。这种热气球同时使用热空气和氦气进行飞行，当气囊内部的温度达到最佳平衡状态时，工作效率最高。"百年灵轨道飞行器3号"有一件铝化聚酯薄膜制成的"外衣"——充气以后高度可达55米，还有一个辅助隔热层（马甲）。"百年灵轨道飞行器3号"安装了六个丙烷燃烧器，用于夜间加热气囊中的氦气。白天的时候，开启太阳能驱动的散热风扇，将因太阳照射而积聚的热量通过隔热层与内部气囊之间的间隙来吹散。压力舱是飞行的指挥中心，里面布置有无线电、计算机、导航仪以及其他设施。

🧭 舱内生活

　　压力舱的中心位置是一张单人床铺和储存区域。一个设计精巧的压力操纵式马桶通过帘子被隔离在飞行器的尾部。丙烷燃烧器保持舱内温度为15℃。热水器可以加热预制的盒饭，并提供洗漱用的热水。

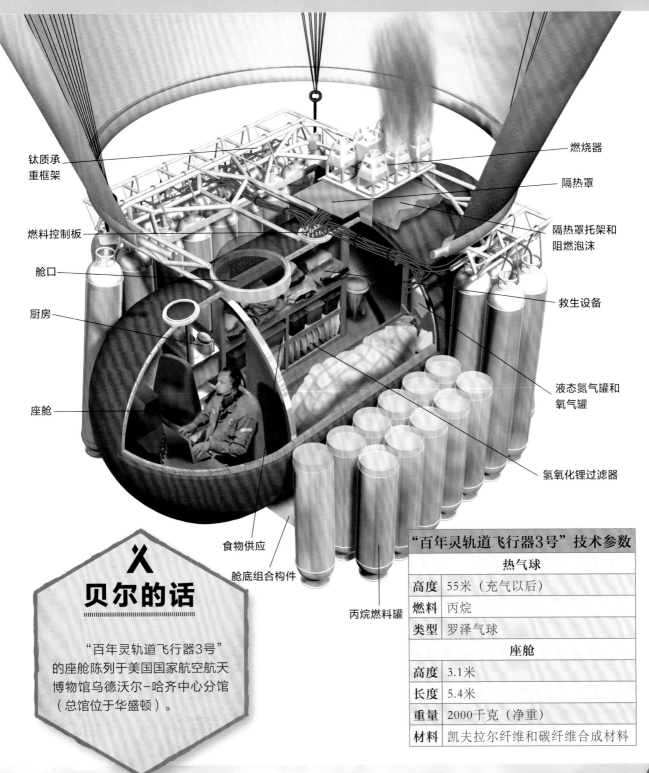

钛质承重框架

燃料控制板

舱口

厨房

座舱

燃烧器

隔热罩

隔热罩托架和阻燃泡沫

救生设备

液态氮气罐和氧气罐

氢氧化锂过滤器

食物供应

舱底组合构件

丙烷燃料罐

贝尔的话

"百年灵轨道飞行器3号"的座舱陈列于美国国家航空航天博物馆乌德沃尔-哈齐中心分馆（总馆位于华盛顿）。

"百年灵轨道飞行器3号" 技术参数	
热气球	
高度	55米（充气以后）
燃料	丙烷
类型	罗泽气球
座舱	
高度	3.1米
长度	5.4米
重量	2000千克（净重）
材料	凯夫拉尔纤维和碳纤维合成材料

热气球的鼻祖

看到烟气上升以及放到火苗上的纸袋鼓胀腾空，约瑟夫·蒙戈尔菲耶和雅克·蒙戈尔菲耶兄弟二人灵光闪现，发明了热气球。1783年，在法国凡尔赛宫，当着国王路易十六和13万名观众的面，兄弟二人使用一个热气球悬挂一个篮筐，放飞了第一批乘客：一只羊、一只鸡和一只鸭。这个热气球飞行了近3.2千米。之后不久，让·弗朗西斯·皮拉特·德·罗泽成为首个乘热气球升空的人——在空中待了4分钟。

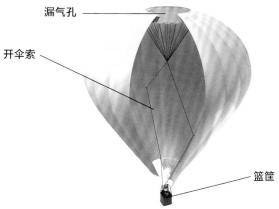

漏气孔

开伞索

篮筐

热气球的飞行原理

当对气球内的气体加热时，热气球就会升空。气体加热会产生向上的力，称为"升力"。需要上升的时候，驾驶员启动燃烧器（燃料通常为丙烷）。需要下降时，可以降低气囊内的空气温度，或者驾驶员拉动开伞索从而打开热气球顶部的漏气孔，释放热空气。

贝尔的话

热气球是人类借以飞行的古老形式。它的出现比飞机的发明还早100多年。

罗泽气球的工作原理

　　罗泽气球得名丁其发明人让·弗朗西斯·皮拉特·德·罗泽。罗泽发明了带有两个独立腔室的热气球。其中一个腔室用于装浮力大的气体，例如，氢气；另外一个腔室用于装加热气体，提供"升力"。时至今日，可燃的氢气已经被不可燃的氦气取代。此类热气球适合长距离飞行，因为它消耗的燃料相对较少。

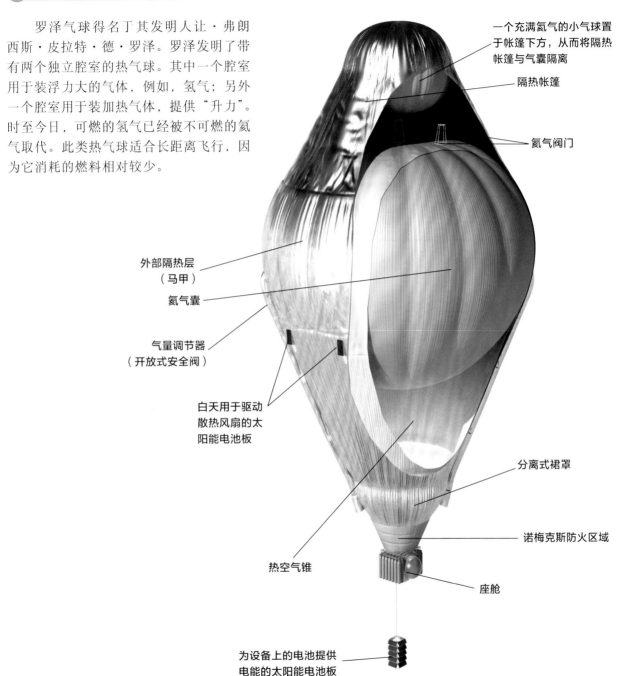

一个充满氦气的小气球置于帐篷下方，从而将隔热帐篷与气囊隔离

隔热帐篷

氦气阀门

外部隔热层
（马甲）

氦气囊

气量调节器
（开放式安全阀）

白天用于驱动散热风扇的太阳能电池板

分离式裙罩

诺梅克斯防火区域

热空气锥

座舱

为设备上的电池提供电能的太阳能电池板

沙漠着陆

　　3月21日凌晨，"百年灵轨道飞行器3号"开始快速向地面降落。两位驾驶员利用最初的关键几小时巧妙避开了沙漠地带由于白天强烈日照而形成的大风。几小时前他们已经飞过了预定终点——毛里塔尼亚，他们判定埃及是更为安全的着陆地点。从高空落到地面的过程中，对热气球进行方向控制十分困难。突然砰的一声，"百年灵轨道飞行器3号"撞到一大堆岩石，这是它第一次接触地面。热气球立即向空中反弹90米，布莱恩·琼斯得以重新控制热气球，随后借助另一次小小的反弹，顺利控制热气球着陆。

🧭 刷新纪录

　　着陆的瞬间，两位驾驶员欣喜若狂。他们知道这次飞行在距离、时长和高度方面均创下新的世界纪录。"百年灵轨道飞行器3号"的着陆地点位于埃及达赫拉镇以北72千米处，时刻为格林尼治时间凌晨6时。当时所剩燃料已经不足一罐。

🗡 贝尔的话

　　皮卡尔和琼斯的环球飞行刺激了更多的热气球驾驶员不断刷新纪录。2002年，蹦极特技表演者里弗斯从接近5千米高空处的热气球上跳下！

🧭 写在大冒险之后

在这次历史性环球飞行过程中，贝特朗·皮卡尔和布莱恩·琼斯想到了自身的幸运以及地球上芸芸众生的痛苦遭遇。回到地面之后，他们随即创立了"希望之风基金会"，利用自身的媒体影响力和集资能力，竭力帮助被疾病困扰的人们，尤其针对儿童群体。

🧭 单独环球飞行

2002年7月，美国冒险家史蒂夫·福塞特成为单独驾驶热气球连续环球飞行的第一人。这是他的第六次尝试，驾驶的是罗泽气球"自由精神号"，历时14天19时51分，行程总计32963千米。

贝尔 | 动力伞飞越珠峰

23岁的贝尔实现了登上珠峰的梦想，然后该去哪里呢？9年后，贝尔找到了答案：他要挑战用动力伞这种简单工具飞越珠峰。由于没有先例，所以准备工作更为关键。经历了坏天气、高空缺氧症、发动机熄火、通信中断、伙伴坠落等诸多不利，贝尔成功升空了！空中的贝尔看到了什么让他永世难忘的情景呢？

挑战更高

　　我23岁那年登上珠穆朗玛峰。这次经历从身体上和精神上对我的人生而言，无异于凤凰涅槃。当时我的生活正处在一个关键时刻，因为不久前一次跳伞事故几乎使我丧失行走能力，我才刚刚恢复，所以最终能攀上珠峰使我很自豪。在攀上珠峰的队友中，我是年龄偏小的。这是我的夙愿，但是从未想过竟然能实现。不管怎样，登上"世界屋脊"之后该去哪里呢？时隔9年，我找到了答案。我可以挑战更高，不过我并不是说驾驶安全、温暖的压力舱商务飞机飞越珠峰。我要挑战动力滑翔伞这种简单工具，实际上就是一个降落伞带上一个背包发动机，难度之大可想而知！这么做的人前所未有。但是，珠峰高低起伏的地势和各种冒险乐趣让我魂牵梦萦，欲罢不能。最终，我实践了这次不同以往的挑战。

号称"世界屋脊"
的珠穆朗玛峰。

🧭 世界之巅

坐落在喜马拉雅山脉的珠穆朗玛峰高8844.43米，为地球上各高山之冠。尼泊尔人称之为"萨迦玛塔"，意为"天空的额头"，而藏语中的"珠穆朗玛"是"大地之母"的意思。在珠峰顶上，氧气极其稀薄，脑细胞难以存活，因此这里被称为"死亡地带"。

🧭 征服"世界屋脊"

1953年，新西兰登山家埃德蒙·希拉里及其夏尔巴人同伴丹增·诺尔盖（下图）最先登上珠峰。之后包括我在内的很多人紧随其后，竞相攀登，其中近300人中途罹难。很多人的尸首至今仍留在那里，长眠在冰雪之中。

🏕 贝尔的话

埃德蒙和丹增的故事深深吸引了孩童时的我。我渴望了解他们的英勇事迹，并梦想着有一天亲自践行。事实证明，只要敢想敢干、锲而不舍，就能成功！

🧭 基洛·卡多佐

基洛是我的至交好友，也是一位极其狂热的动力伞驾驶员。他是一位睿智的工程师，他的工作是针对极限高度设计极限动力伞。基洛开始在位于威尔特郡的工厂改进常规动力伞发动机。凭借出色的工程技术，他研发出一款极其独特的发动机，重量轻且动力强，成功携带我们穿越极度稀薄缺氧的大气层。

🧭 天际翱翔

使用小小的降落伞配上背包发动机，也就是所谓的动力滑翔伞或动力伞，如何能够超过珠穆朗玛峰的高度？最大的挑战是尚无驾驶动力伞到达如此高度的先例。而且，我身边的人都认为这是不可能的。面对自己的选择，我也开始怀疑能否成功。

致命温度

为了增加成功概率，我们的出发时间选在暮春，此时攀登季节已经开始。珠峰的平均温度为-10℃—10℃，冬季则降至-30℃。我们即将挑战的海拔更高，那里的风速可达275千米/时。

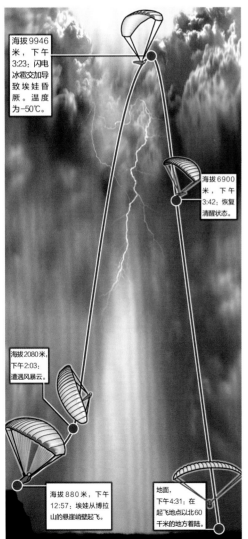

海拔9946米，下午3:23：闪电冰雹交加导致埃娃昏厥。温度为-50℃。

海拔6900米，下午3:42：恢复清醒状态。

海拔2080米，下午2:03：遭遇风暴云。

海拔880米，下午12:57：埃娃从博拉山的悬崖峭壁起飞。

地面，下午4:31：在起飞地点以北60千米的地方着陆。

云吸劫难

2007年在澳大利亚举行的一次竞赛中，德国滑翔伞运动员埃娃·维斯纳斯卡（下图）被吸入风暴云。她被风暴云以77千米/时的速度抬升至9946米高空，随后由于缺氧而昏厥。她失去知觉，不由自主地盘旋升降，持续飞行长达1小时。当高度降至6900米时，她在闪电声中苏醒。3.5小时之后，她在距离出发地点60千米的地方着陆。埃娃十分幸运。她的伙伴身陷风暴云，遭电击而死。

埃娃·维斯纳斯卡奇迹般生还。

自由下落

埃娃·维斯纳斯卡的死里逃生非同寻常，这很大程度上归因于她驾驭滑翔伞的高超技能。倘若换作技术不够娴熟的人，恐怕就不会这么幸运了。

贝尔的话

对于如此凶险的飞行，周密规划、滑翔技能、刻苦训练以及准确的判断力等等，都至关重要。我父亲将其归结为一句话：直觉是思想的指引，始终相信直觉。

事先准备

由于没有先例，飞越珠峰行动的准备工作较之以往更为关键。基洛连续数月改进发动机，希望做出一款重量轻但动力强，足以携带我们完成计划的发动机。难题在于，上升高度越高，发动机的供氧量越少，这意味着需要消耗更多燃料，而燃料又很重，不易携带。实际上这就是要改善功率重量比。到了4月5日，截止日期迅速逼近，我和基洛在一个模拟珠峰极端温度的小气候风洞里首次进行发动机测试。几乎刚一启动，发动机就停滞熄火了。

为了测试飞行器的强度，厂商通常在参数可控的风洞里进行实验。我和基洛站在一个风洞里，穿着极地服，并被绑在滑翔伞上。我们在零下55℃的风洞里吹了至少1小时，我的双颊几乎都冻伤了。

继续准备

两天之后，我们首次在室外实际测试发动机。我带着沉重的背包快速跑起来，终于升空了。看着地面在脚下移动，这种感觉着实令人兴奋。但是，刚飞了不久，我遭遇了恶劣的湍流，我的伞绳缠在一起。我像岩石一样快速下落，而伞只是半开着。重重砸在地面的那一瞬间让我想起之前使我脊背受伤的那次跳伞事故。一次简单的训练任务差点让我丧命。这是在暗示我放弃这次危险的行动，还是提醒我再接再厉继续训练？

⊚ 时间不多

对于每次行动，时机都很关键。我们在英国国内几乎还没训练，抵达尼泊尔后时间已经不多了。而且，我们的发动机还没有最终完成。两个动力伞没有一个能用，我们必须决定是继续行动还是无限期推迟。我们的决定是出发！

⊚ 三套救生衣

为了保暖，我们计划穿三套独立的救生衣：第一套是保温层；第二套是防火层，以防发动机着火；第三套是防备极寒地区零下80℃的低温。面罩泵送不可或缺的氧气流，可持续泵送6小时。头盔内装有无线电设备，与地面团队实时保持通信，并支持空中两人之间的通信。摄像机绑在动力伞上，采集这次冒险飞行的每一个瞬间，向地面传输实时图像。

我们的动力伞采用四冲程发动机，燃料为无铅汽油，推进速度为100千米/时。

加德满都

我们抵达了尼泊尔首都，美丽的加德满都。在雄伟的喜马拉雅山旧地重游，我喜不自胜，但是我不想掩饰喜悦背后深深的恐惧。动力伞尚未测试，未来一周的天气预报也不容乐观。

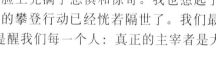

尼泊尔 加德满都

南池市场

搭乘一架老旧的大型俄罗斯直升机，我们来到夏尔巴人的聚集区——南池市场（海拔3400米），在这里我们与提供支援的夏尔巴人团队会合了，他们将帮我们把设备搬运到大山深处。这些人对本地山脉了如指掌，徒步到达大本营需要三天时间，所以路上有他们做伴真是再好不过了。我依然记得，基洛远远看到珠峰时脸上充满了恐惧和惊奇。我也想起了第一次看见珠峰时的情景。但是，由于心里惦记着这次的飞行计划，上次的攀登行动已经恍若隔世了。我们最终到达了大本营——费里切村（海拔4400米），天气突然变得十分糟糕，提醒我们每一个人：真正的主宰者是大自然母亲。

南池市场

大本营

大雪将我们困在帐篷里整整三天。这么高的海拔，我们携带的氧气仅剩60%，空气十分稀薄，休息也休息不好。在飞越珠峰大挑战之前，我们需要做一些飞行测试，但是大自然母亲不给我们机会。此时此刻，考验的是人的意志。人们焦躁不安的时候，被迫等待是最难忍受的。但是，我们束手无策。

贝尔的话

如果头痛、咳嗽、神志失常，可能意味着已经进入了高空缺氧症的危险阶段。如果继续上升，可能导致死亡。所以，必须做出决定：撤退和降落。千万要有耐心！

团队介绍

我和基洛组织了一支经验丰富的团队。我们13位健壮的成员中，有医护人员、气象专家、无线电操作员以及训练有素的滑翔伞运动员。我们甚至还有一个电视摄制组负责本次探险的记录工作。团队指导员是安全专家尼尔·劳格顿。尼尔·劳格顿也是多年前我攀登珠峰的队友，我绝对信赖他。我知道，有时候我过于冲动、过于急切地推进冒险计划。但是，尼尔·劳格顿谋事周全，当危险太大时会果断阻止我。这次行动有他在，也许已经拯救了我的性命——他成功劝服我等待天气好转再行动。

气候适应

无聊坐等无益于大脑，但对于身体而言十分必要。在这样的高海拔地区，呼吸已经成为困难的事情，即使轻微的活动也成了艰巨的任务，让你气喘吁吁。体力透支有致命危险，因此，让身体适应这种环境十分重要。这一过程称为气候适应。

高空缺氧症

无形的危险才是真正的危险。在这里，必须时刻警惕高空缺氧症的迹象。说到高空缺氧症，相互观察对方的反应十分重要。起初可能是轻微头痛或头晕目眩，也许只是难以入睡、食欲不振、呼吸困难、呕吐恶心以及其他常见症状。如果掉以轻心，可能导致肺部和大脑水肿，这意味着死亡。

英国著名探险家雷诺夫·费恩斯爵士由于严重冻伤（皮肤冻结）而失去了指尖。

第四天

　　"天有不测风云"这句话也可以理解为，好天气可以像坏天气那样不期而至。天气突然转晴了，我按捺不住准备行动了。然而，这并非绑上动力伞的发动机然后升空那么简单。首先，医护人员需要使用传感器监测我们的生命体征。我们必须放飞探空气球探测周围的高空风况，并将摄像机连接在伞架上，以便英国电视四台和探索频道记录这次冒险过程。所有这一切都需要时间。总之，我们需要携带的设备重量为75千克。另外，基洛还根本未试飞背包。

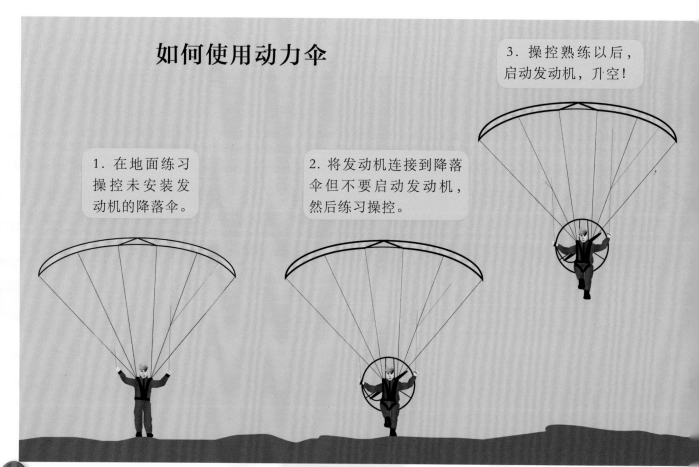

如何使用动力伞

1. 在地面练习操控未安装发动机的降落伞。

2. 将发动机连接到降落伞但不要启动发动机，然后练习操控。

3. 操控熟练以后，启动发动机，升空！

喜马拉雅山上空卷起风暴云的时候，白日无光，昏天暗地。天空成为最可怕的地方。

🧭 没时间了

截至上午7:30，云层已经在我们所在的山峰高处集结。技术团队迅速出击，放飞一个探空气球，以便更准确地了解风速，但是计算机未能建立数据连接。时间一秒一秒过去，过了近一小时，气象数据才正常传输。此时，我们已经能够看见云层笼罩在我们上空……

🧭 中止计划!

肾上腺素激增导致我一时冲动，这时我一门心思只想行动。我看到云层了，但是我相信，我们可以起飞，并且在云层袭击我们之前降落下来。基洛认为太危险，不能行动。但是，我的判断乐观一点，我依然坚持试试。最终，尼尔果断做出决定：中止计划。事实证明，基洛和尼尔是正确的。

✗ 贝尔的话

请一位值得信赖的朋友监督冒险行动是明智之举，因为只专注目标而忽略周围的迹象和危险是很常见的事!

第五天

被大雪困住三天，第四天又中止计划，所以我夜里没能睡上囫囵觉。我担心未来几周内都不会再有合适的天气，或许一整季都不会再有。但是，担心有什么用呢？不料，次日醒来，天朗气清，我想这是大山给我们的礼物吧！突然之间，天时地利人和齐全了！

一切就绪！

当队友们忙着整理设备时，我在想着昨天的情况，并努力保持镇定。我们可以清晰地看到巍峨的珠峰矗立在我们面前，似乎在向我们频频招手。我们依然记得有人评论说，我们的尝试不可能成功。安迪·埃尔森，这位首次乘热气球飞越珠峰的探险家，曾经断定我们失败的概率有70%。因此，我将一切都赌在那仅有的30%的成功概率上！

先镇定再行动

在任何行动之前，用片刻时间使心情镇定十分重要。随后一段时间里，肾上腺素都将激增。

在高空看到的景象令人窒息。

发动机熄火

真是这样……就在我们准备出发的时刻，我期待的心都要跳到嗓子眼儿了。这时，传来我最不希望听到的消息：基洛的发动机打不着火了！在这紧急时刻，基洛花了90分钟排除故障解决问题。在此期间，我们一直留意着天上的云层……

开始！

尼尔发出了指令——开始！我立刻向前跑，但是几乎刚一抬脚就被巨大的重量压趴下了！这种情况重复了三次。大尺寸发动机、各种设备、超大降落伞，所有这些意味着起飞是一个极其笨拙的过程。我累坏了，不敢想象还能继续。由于竭尽全力、体力透支和恐惧，我的心率达到了每分钟160次。但是我决定继续努力，我告诉自己永不放弃。终于，上午8:21，我成功升空了……

悬崖遇险！

升空不久我就撞向了悬崖！我当即奋力控制滑翔伞。幸运的是，我在危急时刻躲开了。

空中翱翔！

　　看到我顺利操控动力伞，基洛也于9分钟后迅速升空了。我们都清楚地知道，这是我们第一次试飞。不过，瞥一眼我的伙伴，我就知道他在空中安然无恙。在蔚蓝的天空下，我们越升越高。这是我们将顺利完成飞行任务的征兆！

主动飞行

　　"主动飞行"是描述机翼控制状态的术语。在这种飞行状态下，机翼的尺寸是正常状态时的两倍，这样能使我们在高海拔处稀薄的空气中飞行。这不像坐下来欣赏风景那么简单，而是需要时刻专心保持机翼处于飞行状态并且避免撞上湍流。

自由的小鸟

　　此时此刻，我和基洛最终征服了天空！发动机不停的嗡鸣声似乎穿透了我们的骨头，但是也让我们安心地知道一切运行正常。我们获得的奖赏是俯瞰喜马拉雅山的美景。同时，我们继续上升……

　　到达7000米高空继续上升，头顶上方不再有任何小鸟。

贝尔的话

"有备无患"是我们探险队的箴言。作为探险队队长，我敢保证，这是我们任何一位队员所听到的最佳建议。

世界屋脊

此前世界上动力伞的攀升最高纪录是7589米。飞越世界屋脊，就可以打破这一纪录。我不时瞥一眼拍摄组驾驶的直升机，并感到一丝得意，因为直升机的飞行高度上限是6700米，而我们很快就可以超过这一高度！

周密准备

任何探险行动都应有一个预备计划。尼尔确保我们也有。除了保暖服和类似战斗机驾驶员戴的头盔，我们还携带了救生包。看着喜马拉雅山在脚下移动，我非常庆幸拥有这些预防火灾或主机翼彻底崩溃等紧急情况的跳伞救生设备。

救生包

为防止突发事件，尼尔坚持让我们携带一个救生包，里面装有食物、水、微型照明装置和紧急定位信标等。但是，事实上，如果我们在珠峰发生意外，救援成功的概率很小。如此高的海拔，如此低的温度，能否幸存只是几小时之内的事情。

技术问题

问题出现的时候往往接二连三，如同多米诺骨牌相继倒下。当无线电通信开始变得模糊错乱时，我第一次感到一阵恐惧。如果没有正常的无线电通信，地勤人员就无法提前告知我们瞬息万变的天气状况，偏离目标也无从得知。到达海拔6700米时，我真的开始有一种孤独感。

🧭 通信中断

清晰的通信至关重要。通信故障一直是很多冒险行动的致命环节。

🧭 听到请应答

在任何危急情况下保持清醒的头脑十分重要。我与地勤人员的通信可能已经中断，但是，我清晰地知道我在去珠峰的路上。我迅速观望一下四周，没有发现鬼鬼祟祟的风暴云来袭的迹象。另外，基洛还在我的身边。截至目前，一切正常。我之前和尼尔约定了暗号——快速敲击无线话筒三次表示"是"，敲击两次表示"否"。地勤人员传来一条模糊的信息，尼尔问道："还能继续吗？"我快速敲击了三次。

珠峰

珠穆朗玛峰是世界上最显著的国界标志，两侧分别为尼泊尔和中国。

路线

现在，除了发动机的嗡鸣声和风的呼啸声，我心无旁骛，紧盯目标。我们只被允许飞上珠峰的南侧，也就是尼泊尔的一侧。我的小小降落伞被风撑起，我的胳膊因用力过度也疼痛起来。最重要的是，必须保持路线，不被卷进狂暴的旋转气流中。

贝尔的话

现在人们依赖GPS导航，但是每一位冒险家都应具有敏锐的方向感，时刻将地图印在心中。

伙伴坠落！

到达6900米高空时，珠峰已经在我的身侧，我还在继续攀升，看到的景象更加令人惊叹。突然，模糊的无线电信号传来糟糕的消息，打破了这一美好的瞬间。基洛的发动机出问题了。我很难知道发生了什么，但是我知道这个问题是在英国国内没有充足的时间完成发动机测试导致的。

贝尔的话

一旦发动机出现故障，除了借助降落伞返回地面之外别无选择。

虽然喜马拉雅山美丽无比，但是没人想被困在这里。

🧭 发动机故障

虽然基洛对他的发动机了如指掌，但只有降落至海拔2000米以下，他才能诊断故障所在。无线电设备噼啪作响，告诉我们他的增压器皮带失效了。尽管他技术精湛，严寒还是侵入他的发动机造成破坏。他改善了一台发动机，并无私地给我用了，而且不让我知情。这才是真正的朋友。

🧭 单枪匹马

眼睁睁看着基洛慢慢地坠回地面，我却无能为力。我理解，被技术故障击败会让他十分痛苦，不过至少他安然无恙。我通过敲击暗号告诉尼尔，我的状态良好，可以继续。我对着动力伞上的摄像机迅速点了点头，继续攀升，同时猛烈的风势有增无减。强风在珠峰司空见惯，只要我稍不留神，降落伞就会被撕成碎片。

我的头盔摄像机能够录下美丽的远景。

飞越珠峰

我面临高达120千米/时的强风，所以动力伞的发动机也是高负荷运转。外部温度低至零下80℃，但是我毫不退缩。基洛已经落回地面了，摄像直升机也落在下面追不上我了。珠穆朗玛峰峰顶——9年前我曾经站立的地方，缓慢地与我的视线齐平了……然后落在我的下方。

🧭 俯视世界屋脊

没有伙伴在我身边，我在高空感到如此脆弱。处在这样的高度，我对于地面的人群而言不过是一个小小的斑点。然而，我的恐惧感很快消失了，因为我发现自己在高空看到了绝世美景：尼泊尔和中国在我四周铺展开来；世界最高的山峰成为我脚下的光点。这一景象将永远留在我脑海中。

🧭 使命完成

到达海拔 8990 米的时候，发动机最终由于缺氧而熄火了，而我迎来天赐的寂静。强风如刀，划过我的身旁，别的什么都听不到。我到达的高度超过了任何其他动力伞曾经到达的高度。现在，我唯一的任务就是撑开降落伞，安全返回地面，并在落回地面的过程中尽情欣赏美丽的远景。

🧭 顺利着陆

很多专家告诉我，这么重的动力伞，携带这么多装备，从4500 米以上的高空降落至地面，可能会折断我的腿。所以，接近地面的时候，我十分紧张。最后一分钟的时候，山谷刮起一阵和风，刚好减缓了我的降落速度。上午 10∶11，我在距离大本营 1000 多米处的小村庄着陆了。不管在高空看到的景色有多美丽，我都必须承认，双脚再次踏上坚实的土地，我还是松了一口气。此时此刻，我的喜悦之情才真正爆发了——我们成功了！我曾经驾驶动力伞飞越珠峰，并且活着讲述经历。任务完成了，这也见证了基洛的聪明才智、熟练技能和敦厚无私。

贝尔的话

每次冒险都是一项殊荣，但是冒险的价值在于将队友团结在一起的友谊。

🧭 团队协作

基洛被迫中途返回的现实令人难受，但是我完成任务离不开他卓越的创造才能。这才是真正的团队冒险精神！

团队成员在地面观察，高空中的我就像一个小白点。

阿姆斯特朗 | 个人的一小步，人类的一大步

月球作为距离地球最近的天体，极大地激发了人类的想象力。人类始终在想，如何才能到达遥远的月球呢？到了20世纪，由于火箭的发明，登月的梦想终于有望实现了。

月地之恋

　　月球作为距离地球最近的天体，极大地激发了人类的想象力。史前时期，人类就对这一神秘的天体十分好奇——阴晴圆缺，周而复始。自然而然，人类就把月球与神圣或神奇的力量联系起来。古代的天文学家学会了根据月相变化计算时间。后来人们发现，月球还影响潮汐。随着望远镜的发明，天文学家首次得以观察月球表面——崎岖不平的山脉和熔岩平原。多少世纪以来，月亮启发人们创作了许多诗歌和神话。然而，人类始终在想，如何才能到达遥远的月球呢？到了20世纪，由于火箭的发明，登月的梦想——这一探险旅程，终于有望实现了。

永远的丰碑

1969年7月，宇航员尼尔·阿姆斯特朗、迈克尔·科林斯、埃德温·巴兹·奥尔德林协作完成首次载人航天登月计划。

🧭 太空时代的黎明

20世纪之初，航天先驱康斯坦丁·齐奥尔科夫斯基、赫尔曼·奥伯特、罗伯特·戈达德进行了火箭实验。第二次世界大战期间，韦纳·冯·布劳恩向太空发射了德国的V-2火箭。V-2火箭最初是作为导弹研发的，不过战后，人们的研究兴趣转向了太空探索。

🧭 火箭先驱

美国物理学家罗伯特·戈达德（上图）设计并成功发射了世界上第一枚液体燃料火箭。发射日期是1926年3月16日，在2.5秒内飞行了12.5米。

阿波罗7号
1968年10月
这是第一艘载人阿波罗飞船，机组成员为沃尔特·斯基拉、沃尔特·坎宁安、唐·艾西尔，持续飞行10天20小时9分钟。

阿波罗8号
1968年12月
弗兰克·博尔曼、吉姆·洛威尔、威廉·安德斯乘坐飞船飞向月球并安全返回，历时6天3小时。

阿波罗9号
1969年3月
这次的关键任务是练习与登月舱对接。机组成员是杰斯·麦可迪维特、大卫·史考特、罗杰·史维考特。

阿波罗10号
1969年5月
托马斯·斯塔福德、尤金·塞尔南、约翰·扬下降至月球表面22千米以内，这是正式登月之前的最后一次关键实验。

阿波罗11号
1969年7月
美国国家航空航天局的宇航员尼尔·阿姆斯特朗、埃德温·巴兹·奥尔德林、迈克尔·科林斯完成首次登月。

航天大事记

1957年10月4日，苏联将"斯普特尼克1号"送入绕地轨道，太空时代迅速来临。这颗世界上第一颗人造卫星向地球发回嘀嘀作响的无线电信号，令全世界肃然起敬。1961年，苏联宇航员尤里·加加林成为第一个绕地球飞行的人。整个20世纪60年代，苏联和美国展开激烈的太空竞赛，包括发射人造卫星、机器人太空探索、进行太空行走、研发强力火箭等。

斯普特尼克1号

1957年10月发射的"斯普特尼克1号"是一个带四根天线的银色球体。"斯普特尼克1号"重量为83千克，完成首次地球轨道运行用时96分钟。

太空探路者

最先飞上太空的动物是一只狗，名为莱卡。莱卡是俄罗斯"斯普特尼克2号"（1957年）的唯一乘客。不幸的是，莱卡踏上的是一条不归路。

黑猩猩汉姆1号

1961年1月，在将第一位美国人送入地球轨道之前，美国国家航空航天局将名为汉姆的黑猩猩送入亚轨道进行飞行，测试太空对人体的危害。最后，汉姆安全回到地面。

勇士加加林

1961年，在高度保密的情况下，苏联宇航员尤里·加加林乘坐R-7强力火箭进入地球轨道。看到这位年轻的宇航员飞行303千米进入太空，全世界都难以置信。

太空行走英雄

1962年，苏联宇航员阿列克谢·列昂诺夫实现了首次太空行走。在执行这次极其危险的任务时，他克服了诸多挑战。其中一次是宇航服出现故障，在宇宙真空中发生膨胀，以致难以通过气闸返回舱内。万幸的是他凭直觉打开宇航服的一个阀门，释放了一些气体，从而得以安全返回舱内。

"阿波罗8号"的计算机技术

"阿波罗8号"机载电脑是阿波罗导航计算机(AGC)，它肩负的艰巨任务是计算宇宙飞船和地球及月球的相对位置。阿波罗导航计算机重量为32千克，装在一个木箱中。该电脑外观笨拙，运算速度慢，能耗小于一个60瓦的灯泡。以今天的标准来看，该电脑比较原始，但是它精确规划了飞往月球与返回地球的漫长飞行路径。阿波罗导航计算机还配置了一个小处理器和只读内存。现在的多数台式电脑的处理器速度至少要比它快1000倍。

"阿波罗8号"载人飞船环视月球

1968年"阿波罗8号"的发射是英勇无畏的壮举。弗兰克·博尔曼、吉姆·洛威尔、威廉·安德斯飞行381500千米才脱离地球轨道到达月球。这是当时人类从地球出发的最远旅程。每个人都知道，"土星号"运载火箭的任何故障都意味着它会消失在茫茫太空。"阿波罗8号"机组人员在极其有利的位置——月球表面112千米高处，观察了月球。他们还掉转摄像头拍摄现在变得那么遥远的地球，从另一个角度欣赏地球的美丽景象。"阿波罗8号"为后续成功登月铺平了道路。

首次登月

　　"阿波罗11号"的宏伟目标是实现宇航员登月并安全返回地球。发射76小时后，"阿波罗11号"宇宙飞船进入月球轨道。随后，尼尔·阿姆斯特朗和埃德温·巴兹·奥尔德林进入"鹰号"登月舱，着手进行历史性登月。同时，迈克尔·科林斯留在轨道上操控"哥伦比亚号"指令与服务舱。这次极其危险的登月行动，地点是在"静海"，开始时间是1969年7月20日美国东部夏令时下午4:18。"鹰号"登月舱机载的摄像机对晚上10:56阿姆斯特朗踏上月球第一步的瞬间进行了实时电视转播。月球表面没有大气层，一片空寂，两位宇航员的勘察时间接近2.5小时。一回到"哥伦比亚号"指令与服务舱，他们就立即抛弃"鹰号"登月舱返回地球，成功在太平洋着陆。

飞行准备

　　"阿波罗11号"机组人员经过了严格训练。从在月球表面插国旗，到模拟返回地球（将登月舱复制品丢弃在游泳池里），他们事先演练了登月行动的每一个步骤！

全员就绪

　　当这次历史性发射进入倒计时，肯尼迪航天中心的每一个控制台都全员就绪。"阿波罗11号"的机组人员升空时，美国国家航空航天局任务控制中心的全体员工爆发出热烈的掌声。

见证历史

　　"阿波罗11号"发射时，全世界不计其数的人守在电视机旁观看。搭载"阿波罗11号"的"土星号"火箭装载的燃料很多，以至于现场贵宾必须站在5000米开外，以防火箭爆炸。

开辟新世界

　　在全世界的注目下，尼尔·阿姆斯特朗和埃德温·巴兹·奥尔德林勘察了没有大气层、一片空寂的月球表面。据他们报告，月球表面就像明亮的阳光投射在漆黑的天幕上。"地平线"似乎很近，向你招手。月球表面崎岖不平，色彩暗淡，大大小小的岩石随处可见。对于地球来客而言，行动毫不费力，但也十分尴尬，因为月球引力只有地球的六分之一。月球表面布满粉状物质，所以脚印清晰可见。两位宇航员在"鹰号"登月舱外待了近2.5小时，竖起美国国旗，进行科学实验，拍摄图片，收集岩石样本。同时，迈克尔·科林斯在月球轨道上对月球远端的巍巍群山进行拍摄。

🧭 登月直播

尼尔·阿姆斯特朗踏上月球的第一步标志着人类古老的梦想已经实现。阿姆斯特朗后来说："月球已经等待我们很久了。"

🧭 一片空寂

"太美了！太美了……一片空寂！"这是埃德温·巴兹·奥尔德林对月球景色的描述。"鹰号"登月舱停在崎岖不平的月球表面，俨然就是天外来客。

🐕 贝尔的话

阿姆斯特朗踏上月球表面的第一句话是："这是个人的一小步，却是人类的一大步。"事实上，这"一小步"弹出了一米多。

🧭 月球岩石

美国国家航空航天局热切等待"阿波罗11号"的回归，进而研究从月球表面取回的岩石标本。事实证明，这些岩石是宝贵的科学发现。通过对这些样本的详细研究，人类对月球40多亿年来的历史有了更多了解。现在，这些岩石被收藏在得克萨斯州休斯敦的约翰逊航天中心。

代表全人类

月球表面活动开始后，尼尔·阿姆斯特朗和埃德温·巴兹·奥尔德林将美国国旗插在月球土壤中（左图）。这一行为不是所有权的主张，而是标志着美国在太空探索方面取得的巨大成就。

贝尔的话

竖立国旗看起来简单，其实不容易。月球表面是薄薄的尘土覆盖的坚硬岩石，所以宇航员必须小心操作，以免碰倒国旗。

脚印留给后人

埃德温·巴兹·奥尔德林拍摄的在月球表面留下的脚印照片（右图）成为最著名的照片之一。它标志着人类强烈的探索渴望。

宇航服

便携式生命维持系统
背包是用来提供氧气、调节宇航服温度的，其中还装有用于通信的无线电设备与天线。

面罩
面罩上镀了一层薄薄的黄金，防止强烈的紫外线导致皮肤生斑。

心率监控
使用传感器记录宇航员的心率和氧气消耗量，数据会转发给任务控制中心的医生。

安全密封
宇航服的核心技术是压力服总成。压力服会隔离宇宙真空，形成密封空间。

尿液收集与转移
这个袋子收集的东西会排到登月舱中的一个废液容器中。

内衣
这层内衣紧贴皮肤，嵌有软管，软管中的流动水可以保证宇航员感到凉爽。

第一道防护
白色的最外层可保护宇航员免受太阳辐射和微流星体的伤害。

月球靴
月球靴套在压力服总成的内靴上，鞋底带有硅胶纹。

人类登月

"阿波罗11号"使命是20世纪具有决定意义的成就。1969年7月16日，美国国家航空航天局的宇航员尼尔·阿姆斯特朗、迈克尔·科林斯、埃德温·巴兹·奥尔德林从佛罗里达州肯尼迪航天中心起飞。7月19日，"阿波罗11号"宇宙飞船进入月球轨道。指令舱和登月舱分离，"鹰号"登月舱载着阿姆斯特朗和奥尔德林在月球表面着陆。阿姆斯特朗迈步踏上月球，这一步具有历史性意义。

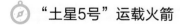

"土星5号"运载火箭

"土星5号"运载火箭在9分钟内升入太空，消耗的液体燃料和液体氧气足够填满1.5个奥运会标准游泳池。它的推力相当于把500头大象从地面举起。然而，尽管"阿波罗11号"宇宙飞船体积庞大，但任务结束时，仅有指令舱载着宇航员完好返回地面。

指令舱
在到达月球和返回地球的过程中，三位宇航员生活和工作的地方。

登月舱
在发射阶段，登月舱固定在 S-IVB 第三级火箭顶部。进入太空以后，登月舱由指令舱牵引控制。

S-IC 燃料罐
煤油是主要燃料。与液体氧气一起燃烧时，排出的超高温气体推动火箭上升。

级间段结构
火箭三个级之间的连接结构称为级间段结构。级与级分离时，级间段结构脱离并落回地面。

S-IC 第一级
第一级燃烧 2.5 分钟，推动上层火箭和"阿波罗号"宇宙飞船到达 61 千米的高度。

发射应急脱离塔
这一使用固体燃料的火箭能够在紧急情况下将指令舱与"土星 5 号"运载火箭分离开来（实际并未启用）。

服务舱
服务舱为指令舱提供氧气、电力和火箭推力。返回地面时一进入大气层就被抛弃。

S-IVB 第三级
这一级采用单发动机，作用是使"阿波罗 11 号"脱离地球轨道并飞向月球。

S-II 第二级
第二级燃烧 6 分钟，推动第三级和"阿波罗号"宇宙飞船到达 183 千米的高度。

S-IC 液氧罐
低温液态氧(LOX)支持液体煤油燃料在接近真空的太空中燃烧。

燃料罐
燃料和液体氧气储存在隔热罐中，防止这些超低温液体挥发为气体。

⊘ 有去有回

　　美国国家航空航天局为"阿波罗11号"登月计划选择的系统包括两个专门设计的航空器：其中一个围绕月球轨道运行并返回地球，即指令与服务舱，命名为"哥伦比亚号"；另一个小型航天器在月球表面登陆并从月球表面起飞，即登月舱，命名为"鹰号"。每个航天器携带的火箭燃料都刚好足够完成各自的任务，这样一来，每个航天器的尺寸和成本都可以控制在最低水平。到达月球、月球着陆、返回地球等一系列高科技活动的具体顺序如下：

1. 起飞

"土星5号"三级运载火箭载着指令舱、服务舱和登月舱从肯尼迪航天中心起飞，将航天器和机组人员送入地球轨道。

离开地球

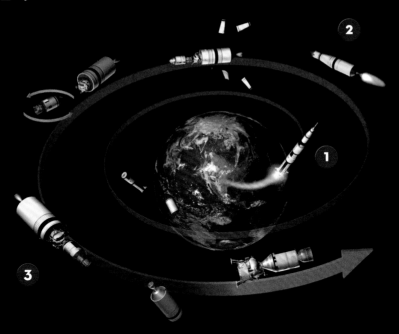

3. 变换位置与对接

机组人员将连在一起的指令舱和服务舱分离，调换位置；接着，将登月舱从第三级火箭上拉过来；然后，抛弃第三级火箭，让它落到月球表面。

2. 向月弹射

"土星5号"运载火箭的第一级和第二级落回地面。围绕地球轨道运行一圈后，第三级火箭的发动机点燃，将"阿波罗号"宇宙飞船推向月球。

到达月球

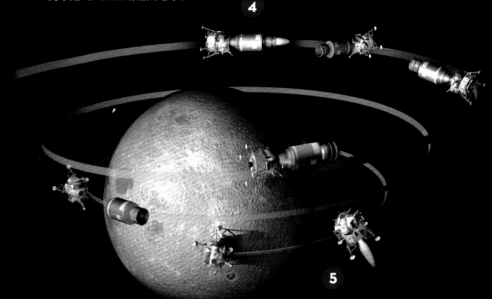

4. 进入月球轨道

三天后，指令与服务舱的主发动机使"阿波罗11号"宇宙飞船的速度降下来，这样一来，飞船就进入月球轨道而不是飞入太空或返回地球。

4

5

5. 月球着陆

登月舱载着尼尔·阿姆斯特朗和埃德温·巴兹·奥尔德林，与指令与服务舱分离开来，并在月球表面着陆。迈克尔·科林斯留在月球轨道上。

贝尔的话

尼尔·阿姆斯特朗和埃德温·巴兹·奥尔德林如此评论月球上尘土的怪味：40多亿年的尘土闻起来就像火药！

离开月球

8. 向地弹射

当三位宇航员都回到指令和服务舱之后，服务舱的主发动机再次点燃，推动飞船离开月球，开始为期三天的返回地球之旅。

7. 在月球轨道上再次对接

登月舱的上升段到达月球轨道，与指令舱再次对接。三位宇航员重新会合。然后，登月舱的上升段被抛弃，落到月球表面。

6. 上升段起飞

完成月球勘察之后，尼尔·阿姆斯特朗和埃德温·巴兹·奥尔德林返回登月舱的上半部分，即上升段。上升段自带火箭，从月球表面起飞。下半部分被抛弃。

返回地球

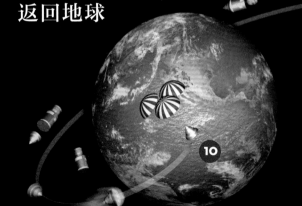

10. 海中降落

指令舱穿过大气层，三个降落伞被打开用来减缓下落速度。飞船最后在太平洋溅落，一架直升机前往救起。

9. 返回大气层

到达地球的大气层之后，指令舱和服务舱分离开来。两者都返回了大气层，但是仅指令舱因为有热屏蔽而幸存。

🧭 登月舱

　　登陆月球表面需要特殊的航天器。由于月球表面没有大气层，所以登月舱不需要空气动力学设计。登月舱的形状取决于所携带或所封装的物件：火箭发动机、燃料罐、两位宇航员使用的压力舱。登月舱包括两部分：下半部分（下降段）包括支腿、燃料罐、着陆在月球所需的火箭发动机，还装有工具和实验包；上半部分（上升段）也带有火箭发动机，并使用下降段作为发射台，从而将宇航员送到指令舱与服务舱。

指令舱与服务舱

　　"阿波罗11号"宇宙飞船的主体包括两个部分：一个是锥形的指令舱，另一个是圆柱形的服务舱，与指令舱连接。在执行任务的大部分时间里，三位宇航员生活在指令舱内。服务舱装有一个火箭。该火箭第一次点燃是为了降低飞船的速度从而进入月球轨道，第二次点燃是脱离月球轨道返回地球。指令舱是"阿波罗11号"宇宙飞船返回地球的唯一部分。

大燃料罐
这些大燃料罐储存了服务舱的主发动机所需的燃料。

贝尔的话

　　尽管美国国旗被漂亮地插在月球表面，但是，登月舱升空时把它吹倒了！

发动机喷嘴
主火箭是当进入或离开月球轨道时点燃的，中途纠正方向偶尔点燃。

深空通信天线
这四个碟状的天线用于保持与地球通信。

氧气罐和氢气罐
这些罐中的气体为机组人员提供空气，并用来发电。

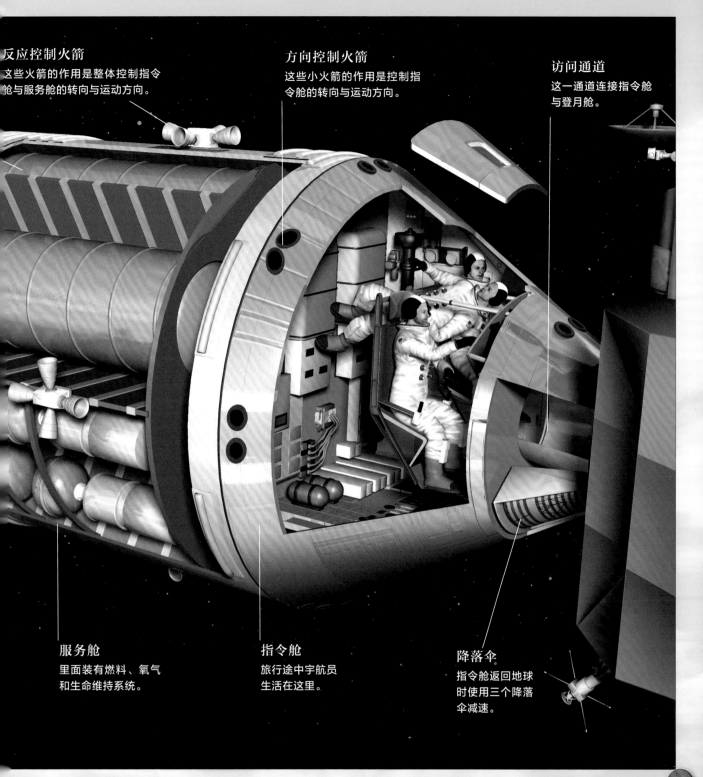

反应控制火箭
这些火箭的作用是整体控制指令舱与服务舱的转向与运动方向。

方向控制火箭
这些小火箭的作用是控制指令舱的转向与运动方向。

访问通道
这一通道连接指令舱与登月舱。

服务舱
里面装有燃料、氧气和生命维持系统。

指令舱
旅行途中宇航员生活在这里。

降落伞
指令舱返回地球时使用三个降落伞减速。

使命完成

　　三位宇航员在"阿波罗11号"的指令舱里一会合，就立即开始返回地球——他们需要在宇宙空间走过近40万千米的路程才能到达地球。在太平洋溅落标志着这次极限冒险终于结束。这是地球上的人类第一次离开故土，勇敢地踏上另一个天体。很多人设想未来飞到火星甚至更远。从月球上看地球，地球是茫茫宇宙中的一个小小的蓝色星球，这让全世界的人重新认识宇宙以及我们在宇宙中的位置。"阿波罗11号"使命的圆满完成，代表着美国总统约翰·F.肯尼迪于1961年设定的目标正式实现，那就是，在20世纪60年代将人类送上月球并将他们安全带回地球。阿波罗登月事件将永远成为人类探索史诗中最具英雄色彩的一页。

海洋溅落

"阿波罗 11 号"溅落过程中使用了三个降落伞来减缓下降速度。飞船碰到水面时，胀起的气球使飞船保持垂直。随后海军潜水员成功搭救机组人员。搭救飞船和机组人员的行动事先经过了严格演练。

检疫隔离

安全登上"大黄蜂号"航空母舰之后，"阿波罗 11 号"的宇航员被安排进入一个密封的不锈钢拖车里，称为"移动式检疫设施"，目的是防止地球受到可能从月球带回的污染。

"重型猎鹰"运载火箭

自从人类第一次踏上月球，太空旅行已经不太遥远了。2018 年，埃隆·马斯克主管的美国太空探索技术公司将"重型猎鹰"运载火箭送入轨道。这是一款可部分重复利用的火箭，升空之后可以返回地球。这一计划的长远目标是将人类送到火星，但是第一次发射携带的有效载荷别具一格：一辆鲜红色的特斯拉敞篷跑车，还通过无线电设备播放大卫·鲍威演唱的歌曲《在火星生活》。

埃米 | 从不为人知到飞行皇后

1930年，英国一位名叫埃米·约翰逊的女士，单独驾驶飞机从伦敦飞抵澳大利亚，而她刚刚拿到飞行员驾驶证，飞行经验仅有85小时，她是如何做到的？

单独飞抵澳大利亚

　　1930年，英国一位名叫埃米·约翰逊的勇敢女士单独驾驶飞机从伦敦飞抵澳大利亚，而她刚刚拿到飞行员驾驶证，飞行经验仅有85小时。这令飞行爱好者惊异万分。这位尚不知名的年轻飞行员驾驶她的小型吉卜赛蛾式双翼机经过欧洲、中东地区、印度、缅甸、新加坡、印度尼西亚，抵达澳大利亚的达尔文市。埃米·约翰逊并未打破伯特·辛克勒创下的纪录，未能实现她的初衷，但是她的飞行过程充满戏剧性，为女性在航空史上树立了一座里程碑。埃米·约翰逊崭露头角，与阿梅莉亚·埃尔哈特一道，成为20世纪30年代最著名的女性飞行员之一。

著名的双翼机

埃米·约翰逊将她的吉卜赛蛾式双翼机命名为"贾森号"。这款运动型飞机采用液冷发动机，正常巡航速度为137千米/时，油箱装满可飞行515千米。

伯特·辛克勒

1928年，澳大利亚飞行员伯特·辛克勒（左图）驾驶他的"阿弗罗飞鸟号"双翼机在15.5天内从英格兰飞到澳大利亚，这在当时堪称飞行壮举，伯特·辛克勒也因此享誉全球。埃米·约翰逊原本希望打破伯特·辛克勒的纪录。伯特·辛克勒是澳大利亚的民族英雄，第二次世界大战期间在英国皇家海军航空兵部队服役，1933年在意大利一次空难中丧生。

1919年

澳大利亚两兄弟罗斯·史密斯和基思·史密斯历时30天完成首次从英格兰到澳大利亚的飞行，获得澳大利亚政府颁发的10000美元奖金。

1920年

澳大利亚飞行员雷蒙德·帕尔和约翰·麦金托什驾驶一架德哈维兰单引擎DH9双翼机，经历漫长而又惊险的208天，从伦敦飞到澳大利亚。

贝尔的话

大约50年后，才有第一架客机完成从澳大利亚到伦敦的连续飞行。1989年，戴维·梅西·格林驾驶一架波音747-400历时近20小时完成这次飞行。

1928年

澳大利亚的查尔斯·金斯福德·史密斯和查尔斯·乌尔姆驾驶福克三引擎开放式座舱飞机完成跨太平洋飞行——从圣弗朗西斯科飞到布里斯班。

1928年

伯特·辛克勒首次单独驾驶飞机从英格兰飞到澳大利亚。伯特·辛克勒这次飞行用时15.5天，这也创下了纪录。

1930年

查尔斯·金斯福德·史密斯单独驾驶飞机从伦敦飞到澳大利亚，历时9天22小时，比伯特·辛克勒节省了5.5天还多，从而打破了伯特·辛克勒创下的纪录。

险象环生的冒险

　　埃米·约翰逊的单独飞行需要巨大的勇气和意志。她的飞行路线极度凶险——需要飞越海洋、沙漠、山区、丛林，其中多数路线基本尚未开发。第一段是飞到维也纳，路程为1200千米，然后飞向伊斯坦布尔，越过土耳其的托罗斯山脉，依次到达巴格达、卡拉奇、仰光、新加坡、爪哇岛，最后抵达澳大利亚。途中，她经历了沙尘暴，在缅甸紧急降落，飞机还频繁发生机械故障。埃米·约翰逊的飞行路程总计为17700千米——她是第一位单独驾驶飞机抵达澳大利亚的女性。

危险路段

　　第三天，埃米·约翰逊飞到了土耳其的托罗斯山脉，其山峰高达3600米。穿行在浓厚的云层中，飞机的翼尖与悬崖峭壁擦肩而过。通过之后，她接着飞向巴格达。

最初领先

　　从伦敦到卡拉奇这一段行程，埃米·约翰逊比伯特·辛克勒少用了2天时间。但是，后续行程中遇到恶劣天气以及飞机维修延误了她的行程。

希望破灭

临近仰光的时候遇到大雨，埃米·约翰逊在永盛（在仰光北部）的一个足球场安全着陆，但滑入了一个沟渠里。修复损坏的机身、螺旋桨和底盘花费了3天时间，她因此丧失了打破伯特·辛克勒所创纪录的机会。

飞越帝汶海

最后一段行程是飞越帝汶海抵达达尔文市，行程为800千米。在公海失事意味着必死无疑。5月24日，一艘路过的油轮发现了天空中的"贾森号"，用无线电告知达尔文市：埃米·约翰逊在路上！

跃居名流

飞越大洲、大洋之后，埃米·约翰逊一夜成名。她在澳大利亚很多城市进行了巡回表演。

贝尔的话

埃米·约翰逊随身携带一个小救生包：一把左轮手枪对付土匪，一封赎回信以防绑架，一个炉子，一个降落伞。她还在机身上绑了一个备用螺旋桨。

声誉与命运

埃米·约翰逊的一生光辉灿烂，尽管比较短暂。1931年，她和杰克·汉弗莱斯一起进行首次从伦敦到莫斯科的单日飞行。1932年和1936年，她先后两次从伦敦飞到开普敦，均创下世界纪录。1934年，她与飞行员丈夫吉姆·莫里森一道参加轰动一时的麦克罗伯逊飞行竞赛。这场从伦敦飞抵澳大利亚的竞赛至今依然是世界飞行界的一大盛事。夫妻二人飞到印度所花的时间创下了纪录，但是因遭遇发动机故障而无奈退出比赛。第二次世界大战期间，埃米·约翰逊为英国皇家空军从英国工厂运输战斗机到空军基地。1941年，埃米·约翰逊在一次执行任务时，从寒气逼人的泰晤士河口上空跳伞，随后神秘失踪。她的尸体至今尚未被发现。

🧭 **飞行服**

埃米·约翰逊穿着20世纪30年代的典型飞行服。皮质飞行服和护目镜对于驾驶开放式座舱的飞机而言必不可少。

阿梅莉亚·埃尔哈特

1932年，美国的阿梅莉亚·埃尔哈特（左图）成为第一位单独飞越大西洋的女性，也是继林德伯格之后飞越大西洋的第二人。阿梅莉亚·埃尔哈特创下很多纪录。1937年，阿梅莉亚·埃尔哈特尝试成为第一位环球飞行的女性，结果与领航员弗雷德·努南在太平洋失踪。1940年，人们在一个岛屿上发现一些被认为是阿梅莉亚·埃尔哈特的骨骼，表明她可能躲过了那次空难，后来在这个岛上死去。

飞行皇后

埃米·约翰逊1930年5月5日动身出发时还默默无闻、不为人知。就在同一年的8月，她载誉归来，成为享誉全球的巾帼英雄。伦敦万人空巷，人们夹道欢迎她荣归故里——只因她历时19.5天从伦敦到达澳大利亚的飞行壮举。

贝尔的话

这次英勇飞行一晃80多年过去了，但是，埃米·约翰逊依然是英国的民族偶像。她驾驶的"贾森号"吉卜赛蛾式双翼机至今还陈列在伦敦科学博物馆内。

迪克和珍娜 | 不加油连续环球飞行

截至20世纪80年代中期，对于固定翼飞机而言，一个重大纪录等待创造：尚未有人驾驶飞机不加油连续环球飞行。1986年，两位美国飞行员——迪克和珍娜挺身而出接受挑战。他们飞过四大洋、三大洲，穿过风暴，获得成功。他们说这次飞行成功凭借的不是运气，而是……

世界飞行里程之最

　　截至20世纪80年代中期，对于固定翼飞机而言，一个重大纪录等待创造：尚未有人驾驶飞机不加油连续环球飞行。1986年12月，两位美国飞行员——迪克·鲁坦和珍娜·耶格尔挺身而出，接受挑战。他们飞过四大洋、三大洲，穿过风暴，获得成功。这是当时世界上连续飞行距离最远的纪录，而且几乎是将之前世界连续飞行距离纪录的数值增加一倍。这次飞行凭借的不是运气。他们驾驶的"旅行者号"实验型飞机创下纪录，凭借的是大胆的想法、周密的规划、专家导航，以及非同小可的勇气。

🧭 紧凑型设计

机舱和一个老式公用电话亭差不多大，里面有仪表板、飞行控制系统、休息区和储存空间（有食物、饮料、应急设备）。

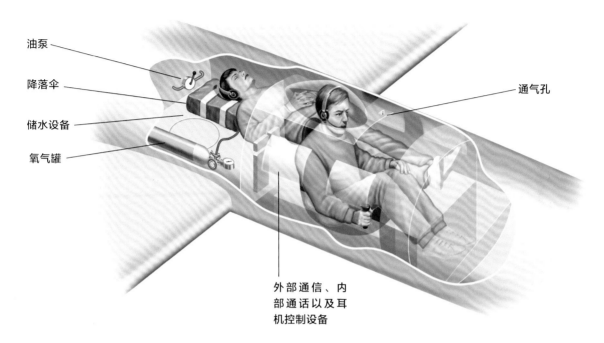

油泵

降落伞

储水设备

氧气罐

通气孔

外部通信、内部通话以及耳机控制设备

🧭 动力滑翔机

"旅行者号"是一款动力滑翔机，能够在空中停留数天。在著名的环球飞行过程中，机翼为该机提供"弯曲力"和"上升力"。

"飞行的燃料箱"

　　"旅行者号"是飞机设计师伯特·鲁坦和他的飞行员弟弟迪克·鲁坦的智慧结晶。该机的设计初衷是打破世界长距离飞行纪录，因此必须能够携带大量燃料。飞机必须重量轻而且强度高。机翼和主机采用最先进的合成材料，主要成分包括石墨、凯夫拉尔纤维以及玻璃纤维。该机有17个燃料箱。

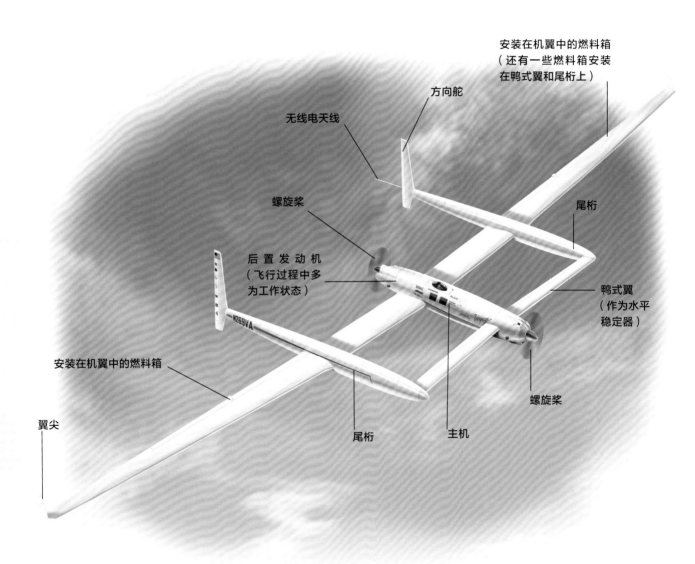

安装在机翼中的燃料箱
（还有一些燃料箱安装在鸭式翼和尾桁上）

方向舵

无线电天线

螺旋桨

后置发动机
（飞行过程中多为工作状态）

尾桁

鸭式翼
（作为水平稳定器）

螺旋桨

安装在机翼中的燃料箱

翼尖

尾桁

主机

人 贝尔的话

"旅行者号"是专为环球飞行而设计的。出于实用目的,伯特·鲁坦必须对飞机设计做出重大妥协。当最终完成时,差不多就是一个飞行的燃料箱了!

🧭 "泰莱达因-大陆"发动机

"旅行者号"配置了两台"泰莱达因-大陆"活塞发动机,分别安装在飞机前部和后部。后置发动机是水冷式ILO-200机型,在整个飞行过程中连续工作。前置发动机是气冷式O-240机型,用于加速和特殊操控。两台发动机都很省油,能够维持长时间飞行。

"旅行者号"技术参数	
翼展(含翼尖)	33.8米
飞机重量	1020.6千克
燃料重量	3180.4千克
燃料箱数量	17个
起飞总重	4397.4千克
环球飞行速度(官方)	186.11千米/时

在他们富有传奇色彩的环球飞行之前,笑容灿烂的迪克·鲁坦和珍娜·耶格尔站在"旅行者号"前面拍照留念。

连续环球飞行

1986年12月14日早晨，"旅行者号"从加利福尼亚州爱德华兹空军基地起飞。在这次伟大的冒险旅行中，迪克·鲁坦和珍娜·耶格尔面临诸多挑战，例如恶劣天气，有一次他们必须绕过太平洋上空方圆966千米的"玛琪号"超强台风。另外，他们还得避开个别国家的领空。他们渡过了多次机载机械故障难关。孤单无助的他们依赖任务控制团队提供通信支持、天气预报和技术协助。尤其重要的是，他们必须耐受极端的身体与精神上的劳累，因为在如此漫长艰苦的飞行过程中，他们必须将摇摆不定的"旅行者号"努力维持在正确航道。

重量控制指标

由于燃料荷载很重,机上供给与相关设备的重量必须减至最小。食品和饮用水的重量经过严格测量。除了高空飞行必需的氧气,地图和导航设备也精简到极限。救生设备也极其简单:两个针对飞行员定制的轻质降落伞和两个小型橡胶筏。临飞的前夜,珍娜·耶格尔甚至还剪掉了长发。

长跑道起飞

"旅行者号"起飞时几乎完全占用了爱德华兹空军基地4572米的长距离跑道。由于燃料荷载很重,弹动的机翼擦到了跑道,每个翼尖都被剐掉一块儿。两位飞行员绕着机场盘旋一阵,对损坏情况进行评估,判定可以继续安全飞行。

贝尔的话

冒险行动需要大量艰巨的工作和周密计划。在"旅行者号"的伟大冒险准备就绪之前,建造与测试工作花费了将近6年时间。

先锋飞行员

迪克·鲁坦和珍娜·耶格尔的背景不同。迪克·鲁坦曾在美国空军担任战斗机飞行员。珍娜·耶格尔是设计绘图工程师,也是一位技术娴熟的飞行员。

途经太平洋公海上空飞向巴西海岸的时候，"旅行者号"遭遇了雷暴。迪克·鲁坦后来回忆说："我们上下颠簸，就像驾船行驶在惊涛骇浪间。"刹那间，他们必须驾驶飞机逃离这一要命的接近笔直的斜面。

开始漫漫旅途

　　"旅行者号"的两位飞行员开始沿着最长路径环绕地球飞行。这意味着他们将连续飞行39000千米以上。如此漫长的行程需要超强的克制力和忍耐力。每天他们都要面临新挑战——锋面变化不断以及花费长时间绕开个别国家的领空。他们每隔两三个小时换班，一人工作时另一人休息。

🧭 一路向西

　　"旅行者号"采取向西飞行的路径,以便利用信风。该机转向不便——只有右侧尾翼安装了一个方向舵。飞行员必须时刻保持警惕。多数时间由迪克·鲁坦操控,但有几次关键时刻是由珍娜·耶格尔操控的。

🧭 金星升起

　　临近战乱频仍的索马里海岸上空的时候是在夜间。"旅行者号"后方似乎有一架飞机在闪烁着亮光,这让两位飞行员恐惧不已。这是敌人的战斗机吗?随后发现这是启明星——金星的亮光,他们才长出一口气。

🧭 躲过危机

　　在飞行的最后一天,临近墨西哥下加利福尼亚海岸上空时,"旅行者号"的后置发动机突然熄火,随后是一个惊心动魄的时刻。他们试图泵油未能成功,匆忙之中点燃了前置发动机,燃料供应恢复了,后置发动机也重新启动了。

人类精神的胜利

　　1986年12月23日，在接近体力透支的情况下，迪克·鲁坦驾驶"旅行者号"降落在爱德华兹空军基地。成千上万的人前来欢迎两位飞行员胜利归来。40227千米的行程历时9天3分44秒。"旅行者号"刚一着陆，后置发动机的一个油封就失效了——提示人们如此漫长的飞行里程是多么危险。迪克·鲁坦和珍娜·耶格尔在航空史上树立了一座新的里程碑。由于这次出色的飞行壮举，他们获得了航天领域最高奖项——科利尔奖。"旅行者号"之后再未起飞，很快被送入位于华盛顿的美国国家航空航天博物馆，与查尔斯·林德伯格的"圣路易斯精神号"等具有历史意义的飞机陈列在一起。

天才设计师伯特·鲁坦

　　伯特·鲁坦的多项飞机设计均荣获大奖。20世纪70年代，为了设计自制飞机，他通过实验测试合成材料。随后，他的长途飞机诞生了，例如，"旅行者号"和"环球飞行者号"。2004年，他设计的"太空船一号"成为第一个私人制造并到达外层空间的航空器。伯特·鲁坦设计的"太空船二号"和维珍公司的"维珍银河号"太空船为商业化太空旅行开辟了道路。

🧭 载誉归来

　　成千上万的人聚集在爱德华兹空军基地，欢迎"旅行者号"胜利归来。经过连续216小时的历史性飞行，剩余的燃料仅有48千克了。

民族英雄 🧭

　　为了表彰他们的成就，罗纳德·里根总统向迪克·鲁坦、伯特·鲁坦、珍娜·耶格尔授予极其宝贵的"总统公民奖章"。

🧭 单独连续飞行纪录

　　2005年，史蒂夫·福塞特单独驾驶伯特·鲁坦设计的"环球飞行者号"进行首次环球飞行。史蒂夫·福塞特的飞行高度为13716米，在空中停留67小时。极具未来主义风格的"环球飞行者号"包括三个机身，共同搭在一个35米长的机翼上，中间的机身上安装了一个喷气发动机。

附录

现代飞机

　　现代飞机有多个操纵面，包括副翼、升降舵、方向舵等。它们可以调整气流方向，便于飞行员控制飞行方向和高度。现代飞机的一些基本特性如下。

扰流器/空气制动器
作用是在不降低速度的情况下降低高度，还能使飞机着陆时迅速减速。

升降舵
升降舵位于尾翼，作用是控制飞机的俯仰度。

襟翼
襟翼位于机翼边缘，作用是帮助飞机以较低的速度获得较大的升力。

方向舵
方向舵位于尾翼上面的垂直稳定器上，作用是控制飞机的偏航。

副翼
左右副翼朝相反的方向运动，为飞机左右横滚提供动力。

缝翼
缝翼位于机翼前缘，作用是提高升力，尤其是起飞和着陆时。缝翼通常可伸缩。

飞行控制

　　飞机转动有俯仰、偏航和滚转三种方式。它们决定了飞机在气流中运动时的高度或位置。

俯仰：飞机的机首向上或向下运动称为"俯仰"。

偏航：飞行员借助方向舵控制机首向左或向右运动称为"偏航"。

滚转：飞行员借助副翼控制飞机向右或向左"滚转"或"倾斜"。

项目			
年份	飞行	飞机/航空器	飞行员/宇航员
1903	首次动力控制飞行	飞行者1号	莱特兄弟
1909	首次飞越英吉利海峡	布莱里奥11号	路易·布莱里奥
1912	首位女性飞越英吉利海峡	布莱里奥11号	哈丽·昆比
1914	圣彼得堡与基辅之间往返飞行	伊利亚·穆罗梅茨号	伊戈尔·西科尔斯基
1919	首次飞越北大西洋	"维克斯-维米"轰炸机	约翰·阿尔科克和阿瑟·布朗
1919	首次在30天内从英格兰飞抵澳大利亚	"维克斯-维米"轰炸机	罗斯·史密斯和基思·史密斯
1927	首次飞越大西洋	圣路易斯精神号	查尔斯·林德伯格
1928	首次飞越太平洋	"南部十字号"福克三引擎飞机	查尔斯·金斯福德·史密斯和查尔斯·乌尔姆
1930	从英格兰到澳大利亚的达尔文市	"贾森号"吉卜赛蛾式飞机（DH.60G）	埃米·约翰逊
1932	首位女性单独飞越大西洋（之前仅有一位男性）	洛克希德维加5B	阿梅莉亚·埃尔哈特
1947	首架超声速飞机试飞	贝尔X-1（昵称：迷人的格莱尼斯）	查尔斯·E.耶格尔
1968	首次载人飞船脱离地球轨道并环绕月球飞行	阿波罗8号	弗兰克·博尔曼、吉姆·洛威尔、威廉·安德斯
1969	首次载人飞船登月	阿波罗11号	尼尔·阿姆斯特朗、迈克尔·科林斯、埃德温·巴兹·奥尔德林
1986	首次飞机不加油连续环球飞行	旅行者号	迪克·鲁坦和珍娜·耶格尔
1999	首次热气球连续环球飞行	百年灵轨道飞行器3号	贝特朗·皮卡尔和布莱恩·琼斯
2004	首次私人制造的航空器进入太空	太空船一号	迈克尔·梅尔维尔

🧭 航空器的飞行原理

脱离地球的大气层后，就没有空气产生升力或阻力了。航空器受到的主要阻力是引力，而推力是航空器进入太空的原动力。

图片来源

1 06photo; 2 NBC; 3t Dan Kitwood, b Handout; 4t Bettmann, c Ruben Sprich, b isoft; 5t NASA, c Bettmann, b Bettmann; 7 Gamma-Rapho; 8 Bettmann; 9 Bettmann; 10t Keystone-France, b Roger Viollet; 11 Bettmann, b Hulton Archive; 12r Kamira; 13l Time Life Pictures; 14r Santi Visalli, c Bettmann, b Universal History Archive; 15t Bettmann, b Jane McIlroy; 16 Christophel Fine Art; 17t George Silk, c Hulton Archive, b Bettmann; 17 Keystone-France; 19 Bettmann; 20 Hulton Archive; 21t Bettmann, c Ulrich Baumgarten, Bettmann; 24cr Roger Viollet, c Universal Images Group, b Time Life Pictures; 25tr Bettmann, c spatuletail, b Tony Evans; 28 Gamma-Rapho; 29t Gamma-Rapho, b Hulton Archive; 30 Gamma-Rapho; 31 Gamma Rapho; 32 Gamma Rapho; 33t iamnong, b Gamma-Rapho; 34b Gamma-Rapho; 35t NASA; 36 Gamma-Rapho; 38 Universal History Archive; 40 Ruben Sprich; 41 Gamma Rapho; 44 Vixit; 45t Bear Grylls Ventures, b Ullstein Bild; 46t Crystal Image, bl AFT, br ueuaphoto; 47l The Sydney Morning Herald, r Corbis Sport; 48 ktsdesign; 49t Bear Grylls Ventures, b M.Khebra; 50t Rene Holtslag, b R.M. Nunes; 51t Peter Hermes FUrian, b AFP; 52 ubon shinghasin; 53 Punnawit Suwattanun; 54 Jason Maehl; 55 Bear Grylls Ventures; 56 Jacques Loic; 57 Olga Danulenko; 58 Vixittill; 27 Globe Turner, LLC; 60 Bear Grylls Ventures; 60-61 isoft; 62 Anton ROgozin; 63 Bear Grylls Ventures; 66 NASA; 67t NASA/Getty, c Universal History Archive, b Juergen Faelchle; 68tl NASA, tr NASA, bl Sovfoto, br NASA; 69-74 NASA; 76 NASA; 84 NASA, 85cl NASA, cr NASA, b Handout; 88 Bettmann; 89t Museum of Flight Foundation, b Time Life Pictures; 90 Time Life Pictures; 91l DeAgostini, r Ullstein Bild; 92 Bettmann; 93t Sean Pavone, b gaborbasch; 94 Hulton Archive; 95l Everett Historical, r Hulton Archive; 98 Paul Harris; 99b Bettmann; 102 Bettmann; 103 Paul Harris; 104 KHH 1971; 105t Dennis van de Water, b Andrea Izzotti; 106 Paul Harris; 107t Bettmann, c The Life Images Collection, b WireImage; 109 NASA; 111 06 photo

All other images © Bonnier Books UK

桂图登字：20−2016−331

图书在版编目（CIP）数据

去飞行 /（英）贝尔·格里尔斯著；黄永亮译 . — 南宁：接力出版社，2019.7
（贝尔探险智慧书）
ISBN 978-7-5448-6049-9

Ⅰ.①去…　Ⅱ.①贝…②黄…　Ⅲ.①探险—世界—少儿读物　Ⅳ.① N81-49

中国版本图书馆 CIP 数据核字（2019）第 060847 号

责任编辑：朱丽丽　杜建刚　　美术编辑：林奕薇　　封面设计：林奕薇
责任校对：贾玲云　　责任监印：刘　冬　　版权联络：王燕超
社长：黄　俭　　总编辑：白　冰
出版发行：接力出版社　　社址：广西南宁市园湖南路9号　　邮编：530022
电话：010-65546561（发行部）　　传真：010-65545210（发行部）
http：//www.jielibj.com　　E-mail：jieli@jielibook.com
经销：新华书店　　印制：北京华联印刷有限公司
开本：889毫米×1194毫米　1/20　　印张：5.6　　字数：50千字
版次：2019年7月第1版　　印次：2019年7月第1次印刷
印数：0 001—8 000册　　定价：58.00元

本书中的所有图片均由原出版公司提供
审图号：GS（2019）1785号